动物王国探秘

鱼　类

谢宇　主编

花山文艺出版社

河北·石家庄

图书在版编目（CIP）数据

鱼类 / 谢宇主编. -- 石家庄：花山文艺出版社，
2013.4（2022.2重印）

（动物王国探秘）

ISBN 978-7-5511-0889-8

Ⅰ．①鱼… Ⅱ．①谢… Ⅲ．①鱼类－青年读物②鱼类
－少年读物 Ⅳ．①Q959.4-49

中国版本图书馆CIP数据核字 (2013) 第080228号

丛 书 名：动物王国探秘
书　　名：鱼　类
主　　编：谢　宇

责任编辑：尹志秀
封面设计：慧敏书装
美术编辑：胡彤亮
出版发行：花山文艺出版社（邮政编码：050061）
　　　　　（河北省石家庄市友谊北大街 330号）

销售热线：0311-88643221
传　　真：0311-88643234
印　　刷：北京一鑫印务有限责任公司
经　　销：新华书店
开　　本：880×1230　1/16
印　　张：10
字　　数：170千字
版　　次：2013年5月第1版
　　　　　2022年2月第2次印刷
书　　号：ISBN 978-7-5511-0889-8
定　　价：38.00元

前　言

　　动物是生命的主要形态之一，已经在地球上存在了至少5.6亿年。现今地球上已知的动物种类约有150万种。不管是冰天雪地的南极，干旱少雨的沙漠，还是浩渺无边的海洋、炽热无比的火山口，它们都能奇迹般地生长、繁育，把世界塑造得生机勃勃。

　　但是，你知道吗？动物也会"思考"，动物也有属于自己王国的"语言"，它们也有自己的"族谱"。它们有的是人类的朋友，有的却会给人类的健康甚至生命造成威胁。"动物王国探秘"丛书分为《两栖爬行动物》《哺乳动物》《海洋动物》《鱼类》《鸟类》《恐龙家族》《昆虫》《动物谜团》《珍奇动物》《动物本领》十本。书中介绍了不同动物的不同特点及特性，比如，变色龙为什么能变色？蜘蛛网为什么粘不住蜘蛛？鲤鱼为什么喜欢跳水？……还有关于动物世界的神奇现象与动物自身的神奇本领，比如，大象真的会复仇吗？海豚真的会领航吗？蜈蚣真的会给自己治病吗？……

　　为了让青少年朋友对动物王国的相关知识有更好的了解，我们对书中的文字以及图片都做了精心的筛选，对选取的每一种动物的形态、特征、生活习性及智慧都做了详细的介绍。这样，我们不仅能更加近距离地感受到动物的迷人、可爱，还能更加深刻地感受到动物的智慧与神奇。打开丛书，你将会看到一个奇妙的动物世界。

　　丛书融科学性、知识性和趣味性于一体，不仅可以使青少年学到更多的知识，而且还可以使他们更加热爱科学，从而激励他们在科学的道路上不断前进、不断探索！同时，丛书还设置了许多内容新颖的小栏目，不仅能培养青少年的学习兴趣，还能开阔他们的视野，扩充他们的知识量。

编者

2013年3月

目 录

认识鱼类

淡水鱼

海水鱼

观赏鱼

奇异鱼类

最古老的脊椎动物——鱼

鱼是用鳃呼吸、用鳍游泳的水生脊椎动物的泛称。

约5亿年前，地球上出现了最早的鱼形动物，揭开了脊椎动物史的序幕。从这一点看，它们是包括人类在内的所有脊椎动物的"远祖"。然而真正的鱼类却出现在3亿多年前，今天的鱼类只是由它们演化而来的极小的一部分种类。目前，世界上已知的鱼类约3万种，是5万多种脊椎动物中种类最多的一类。

鱼类是最古老的脊椎动物。它们几乎能适应地球上所有的水生环境，从淡水湖泊、河流到咸水大海和大洋，都能见到它们的身影。

鱼类的主要特征是：体表大多生有鳞片；用鳃呼吸；有奇鳍和偶鳍，鳍是运动器官；只有内耳，有三个半规管；心脏——心耳——心室，单循环系统；体温不恒定。

从生存的环境看，鱼类大致可以分为海水鱼和淡水鱼两大类。

鱼类在生物学中，又分属以下几类：

圆口类：最原始的鱼形脊椎动物。鱼嘴没有真正的上下颚，口器形成吸盘，过着寄生或半寄生生活。身上没有真正的脊椎，只有脊索。如七鳃鳗。

软骨鱼类：全身的骨骼均为软骨，鳞片为细小的盾鳞，肠内有螺旋瓣，这是一群低等的鱼类。如虹科鱼类。

软骨硬鳞鱼类：虽然属硬骨鱼类，但骨骼系统为软骨性。体表鳞片表现为骨质菱形的原始鳞片，尾鳍歪，肠内具螺旋瓣。如鲟鱼。

真骨(硬骨)鱼类：即现在普通常见的鱼类。

鱼的结构

鱼类的嘴

鱼类的嘴是专门用来摄食的。但不同的鱼，嘴的形状和生长的位置是不一样的。通常情况下，低等鱼类的嘴比较简单，如圆口鱼类中八目鳗和盲鳗的嘴是吸盘状的，没有上下颌之分；鲨鱼的嘴位于头的腹面，差不多都呈半月形；生活在海底的鳐类的嘴则位于头的下面，呈一条直线，并靠扩大的胸鳍覆盖而捕捉食物。

硬骨鱼类的嘴多位于头的前端，上下颌等长，但是嘴的大小和位置也各不相同。有的和鲨鱼一样，位于头的下面，头的前端向前延长形成吻部，如鲟鱼的吻很发达，嘴小而圆，呈漏斗状。大部分肉食性鱼类的嘴都比较大，上下颌坚实强壮。但也有不少生活在深海里的鱼类的颌骨较弱，并且能够弯曲，可以吞下比它们自身大若干倍的其他动物。如大喉鱼，就是名副其实的大嘴巴，它的口腔和咽喉都能极大程度地扩张，其实，这也是对深海环境食物缺乏的一种适应能力的体现。而颚针鱼和秋刀鱼，其上下颌同时延长，形成了一个相当长的"喙"。咽管鱼的嘴呈管状，摄食时，像一支吸管一样把食物吸入口中。不少鱼的嘴还能随意伸缩，如生活在热带海洋中的一种龙头鱼，其上下颌都能伸缩。

鱼类的牙齿

　　鱼嘴里的牙齿是用来摄食的，不同种类的鱼，牙齿也不一样。有一种生活在海洋里的凶猛鱼类叫"斑条鲆"，身体细长，游泳速度极快，它的牙齿不但尖，而且带有毒性，在顶端还长有小钩，任何动物被它咬伤，伤口都不容易愈合。鲨鱼的牙齿大小和形状差异很大，有的细长而呈锥状，也有的扁平而呈三角形。护士鲨的牙齿就是另外一个形状，它的牙齿呈铺石状，并且相当实用，能把食物充分磨碎。而虎鲨的牙齿就更奇怪了，在它的同一个颌上居然长出了不同形状的牙齿，这在鱼类中是很少见的，上颌的牙齿尖而呈圆锥形，下颌的牙齿又呈铺石状，可以碾碎或压破硬壳动物。

鱼类的眼睛

　　鱼类的眼睛的水晶体呈圆球形，只能看到离它们较近的物像，所以鱼都是"近视眼"，一般在12米以外的物体它们是看不见的。

　　有的鱼眼睛很小，甚至已经退化了；有的鱼眼睛很大，好比望远镜。鱼眼睛的大小和它们日常所接触的光线关系密切。生活在水上层或中层的鱼类，它们的眼睛都是正常的，如鲫鱼、鲤鱼、黄鱼等。而生活在300~1500米深处的鱼类，因为平常感受不到光线，或者光线极弱，它们的眼睛一般都比较大，并且视力较差。如果深度再增加，光线根本照射不到，那么即使鱼类有眼睛，也没

有什么用处，所以它们的眼睛变得很小，甚至全部退化。

鱼类的耳朵

鱼类也有耳朵。但是，它们的耳朵没有像人耳一样的外耳郭，也没有人耳的中耳道，只有内耳，一般是埋在头骨里面的，所以从鱼的外表是看不到耳朵的。但是，鱼的听觉比较敏锐。鱼的耳朵是接受大

部分声音的中心，能听到人耳听不到的声音。通常人耳只能听到20～18000赫兹的声音，低于或高于这个范围的声音人耳就听不到了。而鱼类听觉的最高范围虽然比人低，只能听到13000赫兹的声音，但是最低范围却比人低，能听到13赫兹的低频音。一般情况下，小型鱼类对高音更敏感，而大型鱼类对低音更敏感。科学家经过对5000种有鳔鱼类的研究后发现，鱼的内耳到气鳔之间有一条通道，气鳔能将声音放大并传递到内耳。此外，鱼类还有特殊的侧线，能感觉到人耳感觉不到的动静。

鱼类的鼻子

可能很多人都认为鱼类没有鼻子，其实鱼类是有鼻子的，只是它们的鼻子没有突起，更值得一提的是，其构造和功能也与我们人类的不同。我们知道，人类的鼻子不仅能用来感觉气味，还能用来呼吸，人类的鼻腔与口腔是连通的。而鱼却不同，鱼的鼻腔与口腔完全不相通，鱼的鼻腔有两个孔，中间被一层薄膜分开，成为前后两个孔，前面的孔叫"入水孔"，后面的孔叫"出水孔"。当鱼游动时，水从入水孔流进，然后再由出水孔流出。绝大多数鱼的鼻子是不能用于呼吸的。

鱼类的嗅觉器官主要集中在鼻腔里。鱼类嗅觉和味觉的发达程度，与其糟糕的视觉截然相反。此外，鱼类的鼻子除了用来辨别食物以外，还可以用来感知周围

的环境、鉴别水质，同
时还能用来追求异性
等。

鱼类的鳞片

绝大多数海洋鱼类
身上都覆盖着鳞片，对
鱼类的身体起着保护作
用。古代的鱼类大都全
身披甲，只是后来生活环境发生变化，鱼鳞的形状、功能才有了新的特点。如七鳃
鳗和盲鳗，已经解除了"全身武装"，身体变得光滑无比；鲟鱼虽然在身体两侧还保
留着刀枪不入的骨板，但身体的其他部位早已完全裸露；有些鲇鱼和鳘鱼的鳞片，
已退化为皮状突起。当然，也有些鱼还全身披着盔甲，如生活在热带海洋里的玻甲
鱼，从头到尾都裹着硬甲。

鱼类的鳞片不仅形状各异，而且大小相差也很悬殊。大海鲢的鳞片直径可达
5厘米以上；印度河中的鲃鱼鳞片更大，和人的手掌差不多大小。相反，一些像马鲛
鱼、金枪鱼等大型鱼类的鳞片却很小，与其体型相比，很不相称。带鱼和鳗鲡的鳞
片，更是小到难以用肉眼看见，以至有不少人以为这些鱼是没有鳞片的。

所有鱼类刚从鱼卵里孵化出来的一段时间里，身上都是没有鳞片的，我们将它们称作"仔稚鱼"。随着成长发育，它们的皮肤中才慢慢地长出鳞板。进入幼鱼阶段，鳞板继续生长就变成鳞片。

鱼的每一片鳞片都可以分成上下两层，通常下层较柔韧，由交错的纤维组成，上层脆薄，是一种骨质样的物质。上下两层的生长方式完全不同，下层是一片一片地生长，新生长出来的一片，总是叠在原有的那片下面，并且比原有的那片长得大一些；而上层的则是一环一环地长，厚薄相差不大。

通过对鳞片的研究，可以了解鱼的年龄和生长速度，同时还可以区分相貌和内部生理结构几乎相同的不同种类的鱼。

鱼类的鳍

多数鱼类都有适于在水中运动的器官——鳍。鱼鳍分奇鳍和偶鳍两类。偶鳍包括胸鳍和腹鳍，相当于陆生脊椎动物的前后肢，起到平衡身体及控制游泳方向的作用。奇鳍分背鳍、臀鳍和尾鳍，能协调鱼体平衡稳定及推动鱼体前进。不同种类鱼的尾鳍形状也是不同的。鱼鳍的形状、位置和数目是鉴别鱼类的依据之一。

鱼类的侧线

鱼类的侧线本身呈细管状，由神经相连。侧线埋在皮肤下面。侧线管按一定间隔分出许多小管，小管露在皮肤外面，所以从外表看，这些小管就像一点一点连成的虚线。当外界有相当强度的水流流向鱼

体时，水流的刺激便会通过充满黏液的侧线小管被鱼感知，鱼此时所产生的感觉即属于第六感。一位叫霍夫的科学家，用不太强烈的水流冲击狗鱼的侧线时，它立刻就能作出特殊的运动反应，这种反应包括背鳍的展开和身体向一个方向作出幅度不大的弯曲；当水流的冲

击力加强时，狗鱼所有的鳍都在运动，并且改变身体的位置。如果将狗鱼的神经系统及侧线破坏掉，它的这些反应就不复存在了。

原来，水流产生的压力通过侧线小管的开口进入黏液，黏液将刺激传递到浸在黏液中的感觉细胞，从而产生兴奋，然后再通过缠绕在感觉细胞末端的神经纤维传至中枢神经系统——大脑。

鱼类的内脏

鱼类的内脏和其他动物有很多相似之处，但为了能适应水中的生活，还需要拥有一些独特的器官。比如大多数硬骨鱼都有叫作"鱼鳔"的气球样的器官，鱼鳔里面充满了气体，就像是一个被安放在体内的救生圈，使鱼类能在水中保持身体平衡。

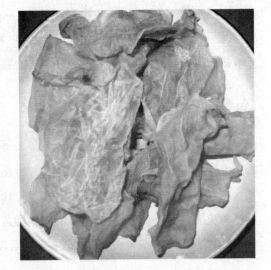

鱼类的呼吸

鱼类终生用鳃呼吸。氧气从水

里穿过鳃上的薄膜进入血液，然后传遍全身，给肌肉提供能量。软骨鱼类（如鲨、鳐）的鳃比较原始，鳃裂直接开口在体外；硬骨鱼类（如鲤、黄花鱼）的鳃裂在外侧另有鳃盖保护。鳃的主要结构是鳃丝。当水由鱼嘴流

进，经过鳃丝时，溶解在水中的氧气就会渗入鳃丝的毛细血管里；而血液里的二氧化碳则会渗出毛细血管，被排入水中。

鱼类的保护色

为了隐藏自己，鱼类身上的颜色和斑纹的种类是相当多的，这有助于它们防御敌害，化险为夷。比如丑鳅的暗色斑纹与湖底植物丛的颜色非常接近；钳口鱼的尾部有眼睛一样的斑纹，在天敌被假象迷惑之际，它便会趁机逃走。还有些鱼类身上的鳞片呈散落状，与海床颜色相近，比如古巴鲋鱼。总之，保护色是一种保护自己的有效方法，也是鱼类对生存环境的一种适应。

鱼类的繁殖

鱼类的繁殖方式大多都是产卵。鲤鱼和狗鱼每次产卵10万枚，冬穴鱼每次产卵30万枚，山鲶每次产卵50万枚，鳊鱼每次产卵约2.5万枚，大鲟鱼和鳕鱼每次产卵高达数百万枚，而翻车鱼每次产卵达3亿枚，其产卵量之高为世界之最。虽然鱼类的产卵量很高，但鱼卵能长成成鱼的概率却是很小，因为大多数鱼类在产卵后都任其自生自灭。只有极个别鱼类比较关心其后代的成长状况，如雄刺鱼会亲自搭建

"产房"，然后将雌鱼带到其中，雌鱼产卵后便会弃巢而去，而雄鱼则坚守岗位，留在巢中护卫鱼卵，幼鱼孵化出来后，雄鱼仍然会照顾它们一段时间。

鱼类的寿命

鱼类的寿命难以一概而论。以前曾有报告说鲤鱼能活到150岁，狗鱼能活到200多岁，但科学家认为这言过其实。根据各地的资料显示：生活在黑龙江水域的鲤鱼，年龄最大的为16岁，鲫鱼中最高寿的为12岁。世界上还有很多鱼的寿命并不长，如生活在日本海的香鱼，其寿命只有6个月到1年，日本人称其为"一年鱼"。

鱼的分类与命名

根据鱼类学家的统计，目前世界上的鱼类大约有3万多种。为了方便研究，人们都会给每一种鱼类命名，往往每一种鱼都有俗名和学名。

俗名通常只适用于某一特定地区，并且不同国家、地区对它的称呼也不同，从而便会出现同一种鱼的不同名称，譬如中国的小黄鱼，福建人叫"小黄瓜"，浙江人叫"小鲜"，山东人、河北人以及辽宁人叫"黄花鱼"。

学名则是科学家按照一定的规则对每一种鱼类的命名。那么科学家是怎样将各种各样的鱼类分门别类地加以区分和命名的呢？首先，学名采用的是拉丁文，拉丁文是世界各国已经不再通用的语言，它具有国际的中立性，不会因种族意识而遭到排斥。所以各种海洋鱼类(包括所有海洋生物)的学名，只有一个，无论哪个国家的学者，只要一见到这个学名，就能立刻知道它是哪一种鱼类，它是能在全世界通用的鱼的称呼，绝不会混乱。一种鱼的学名通常由"属名+种名+命名者"组成。

关于鱼类的分类问题，现代分类学上采用的等级主要有门、纲、目、科、属、种，

必要时还可以补充一些等级，如亚门、总纲、亚纲、总目、亚目、总科、亚科、亚属等。

目前，世界海洋鱼类分为头索动物亚门和脊椎动物亚门。头索动物亚门中的鱼类，脊索和神经管遍布全身，终生保留；无头颅，无脊椎，无软骨和硬骨；心脏是一根能跳动的腹血管，没有红细胞；具有肝盲囊；肌肉分节；表皮由单层细胞组成，鳃孔众多，开口于围鳃腔；原肾管分节排列，无共同管道，分别开口；具有内柱，无真正的脑，但具有两对脑叶及神经，脊髓神经的上下枝不相连接；生殖腺分节排列，并且还没有化石记录。具有这些特征的鱼可在头索动物亚门序列下命名。目前仅文昌鱼属于该亚门。

脊椎动物亚门的鱼类可分为：无颌总纲、盲鳗纲、头甲形纲、有颌总纲、软骨鱼纲、全头鱼亚纲、板鳃鱼亚纲、肉鳍鱼纲、腔棘鱼亚纲、孔鳞鱼类与肺鱼亚纲、辐鳍鱼纲、软骨硬鳞鱼亚纲、新鳍鱼亚纲等。

小知识

叫鱼而不是鱼的动物

许多动物人们习惯上叫鱼，但其实它们并不是真正的鱼。如体色艳丽的蛞蝓鱼(即海兔)，还有能喷云吐墨、临场变色的乌贼、墨鱼(即头足类)，以及八珍之一的鲍鱼等，虽然都生活在水里，但它们是软体动物，也没有脊椎骨，不属于鱼类；甲鱼或团鱼(即鳖)还有鳄鱼，虽然都有脊椎骨，但它们是用四肢行走或游泳，用肺呼吸，因此属于爬行动物，也不是真正的鱼；鼓浪成雷、喷沫成雨的鲸鱼以及有"美人鱼"雅号的海牛，虽然用鳍游泳，但都是体温恒定的哺乳动物；满身长棘的星鱼(即海星)，是棘皮动物；声音好似小孩啼哭，俗称"娃娃鱼"的鲵是两栖动物，类似这样的例子还有很多，这些称呼可能也是受古人的影响，许多古书像宋代的《尔雅翼》等都是把它们当鱼对待，放在"鱼部"一起记述下来的。这说明人对动物的认识也经历了一个发展的过程。

鱼类的起源和进化

　　鱼类是低等的水栖脊椎动物，属于有颌脊椎动物。从整个动物类的演化情况来看，脊椎动物是从无脊椎动物演化而来，而有颌类是从无颌类进化来的。

　　在泥盆纪时代，鱼类就出现了四大类：棘鱼类、软骨鱼类、硬骨鱼类以及盾皮鱼类。棘鱼类在地质年代上是出现最早的鱼类，其化石出现于志留纪，最初发掘出来的棘鱼化石仅仅是一些棘和鳞片，到泥盆纪时，数量已达到最高峰，化石也较完整。

　　棘鱼是原始有颌类的一种，上颌与下颌相咬合，体长仅为几厘米，体表覆盖着一层细密的菱形鳞片，头上排列有规则的小骨板以保护头部，鳃孔不外露，头两侧各有5个鳃小盖，其上覆盖着一块大的骨质鳃盖物。如梯棘鱼的身体呈纺锤形，歪尾，偶鳍除胸、腹鳍之外，在胸、腹鳍之间的腹部两侧还有五对较小的鳍，奇鳍和偶鳍的基部较宽。各鳍前均有一小棘，"棘鱼"的名称即由此而来。

　　软骨鱼类和硬骨鱼类自有化石记录以来，就已明显地表明它们是两个系统，从两条不同的道路进化而来。盾皮鱼类是软骨鱼类的近亲，棘鱼类则是硬骨鱼类的近亲，它们是在古生代后期和中生代才兴旺起来的。

　　现代鲨类如扁鲨、六鳃鲨科等的化石，在侏罗纪就已开始出现，和现代鲨类差异不大。现代鲨类的颌弧与脑颅的连接方式由原始的双接型改变为舌接型（上、下颌通过舌颌骨与脑颅相连）。它们大多生活在海洋中，极少数在淡水中生活。其远祖沿着两个方向发展：一支为纺锤体型、能快速游泳

的种类，即鲨类；另一支为扁平体型、栖息在海洋底部、活动量小的种类，即鳐类。

全头类则是从下石炭纪开始出现，可能是从原始的、祖先型的鲨类中发展出来的辐射分支，以软体动物为食，其亲缘关系尚未确定。

硬骨鱼类一般被认为是从棘鱼发展而来的。从最早的化石记录开始就分成两支：一支为辐鳍类，发展为现代硬骨鱼类的主体；另一支是肉鳍类，由其中的总鳍鱼类演化出陆生脊椎动物。

盾皮鱼类体外生有盾甲，故而得名。有颌(有典型的下颌和与头骨愈合在一起的上颌)，有成对的鼻孔，偶鳍，歪尾，骨骼为软骨。它们是在志留纪与泥盆纪时期发展起来的有颌脊椎动物，和早期的鲨类与硬骨鱼类的进化路线不同。随着泥盆纪的结束，它们也慢慢退出了历史舞台，只有少数延续到石炭纪。

辐鳍类，化石由泥盆纪开始发展至今，大致经历了三个阶段：早期阶段为软骨硬鳞类，到三叠纪渐渐被全骨类代替，到白垩纪绝迹。

肉鳍类也可称为"内鼻类"，包括肺鱼和总鳍鱼。肉鳍类的化石在泥盆纪早期就已出现，在以后的地质年代从未得到大的发展，中生代末期已濒临灭绝，至今残存的肺鱼有三属，而总鳍鱼则仅有矛尾鱼留存到现在，古总鳍鱼的一支演化出陆生脊椎动物。

鱼类喜欢集群生活

人们发现，许多以浮游生物或小型鱼类为食而又生活在偏外海的鱼类，往往有大规模集群生活的现象。

白天它们像阵容庞大的集团军一样到处游动，鱼群里所有成员的游动速度都差不多，彼此间也保持着大致

相同的距离，并沿着同一个方向运动，步调非常一致，就像一条鱼一样。有些鱼类是为了繁衍后代而集群，有些鱼类则是为了游向产卵场或越冬场而集结在一起，浩浩荡荡地向前挺进。

有人曾在北海见到过一个鲱鱼的大群，在海面前后延伸约有15~17千米长，5千米宽，所到之处，简直就是鱼的海洋。鱼群中每个成员所处的位置时时都在变化，其中没有固定的"领航员"，如果突然改变方向，往往后军或侧军就成了前军，原来的前军就成了侧军或后军。在鱼群边缘上的成员则会趋向中心移动，另一部分成员就会暴露在边缘上。过去，渔民在围捕鲐鱼时往往就会利用鱼的这一习性。发现鱼群后立即下网，然后分乘小艇用石头去拦截鱼群，只要往鱼群前方丢上一块石头，鱼群就会立即转向，这样就会逐渐把鱼群赶进网内。有些草食性珊瑚礁鱼类，集群的目的也是为了取食，当它们闯进其他鱼类的控制范围内去觅食时，必然会遭到"领主"的驱赶。但"领主"不可能同时把整群鱼都赶走，它赶这一边的鱼时，另一边的鱼就会抓紧时间摄食，如此反复，直至鱼群中的所有成员吃饱为止。

鱼类集群的好处

鱼类的集群生活对鱼群中的个体成员来说是有一定保护作用的，因为捕食者通常都拥有较大的体魄，游速也快，若是一条鱼不在群中，而是单独行动，一旦遭遇捕食者，往往很难幸免。若是一个大鱼群遭遇捕食者，往往会使捕食者有"老虎啃天——不知如何下口"之势。当鱼群遭遇一个捕食者时，它们会立即分成两路，以避开捕食者，然后在其两侧远远地绕过去，到其后方又再重新会合。若捕食者转回来，鱼群会再以同样的方式躲避。若一个大型的捕食者在未被发觉的情况下突然冲入鱼群，鱼群就会像爆炸一样，都以最快的速度朝不同的方向分散逃跑，在捕食者前面留下一个空荡荡的水面。从这种"虎口逃生"的现象中人们发现，小型鱼受到刺激时，可以在1/20秒的时间内达到最大游速。即使是在如此紧迫的危急情况下，也从未发现有不同个体间互相碰撞的情况，就像是每条鱼都有某种感觉知道它的邻居受到攻击时将往哪里跑一样，真匪夷所思。退一步说，即使捕食者能在鱼群中捕到鱼，位于鱼群中的个体被捕食的概率也要比它单独行动时被捕食的概率低得多，若一个凶猛的猎食者一次能吃掉10条鱼的话，在遇到一个由上万条小鱼组成的鱼群时，每条小鱼被捕食的概率只有1‰。因此说，鱼群越大，被捕食的概率也就越低。

集群鱼即便死里逃生时，也能保持间距而不发生碰撞。这主要是由于集群鱼的眼睛往往有一个广角视野，特别在侧面的视野很宽，这有利于它们时刻注意到周围的情况，除视觉获得的信息外，它们还能通过敏感的侧线器官根据水流的微妙变化探知集群中相邻成员的游速和方向。鱼类的胸鳍主要用于运动中的平衡、制动和转向等。而集群鱼的胸鳍则是相对固定的，不大活动，所以每个成员都不能依靠胸鳍使自己停步不前、节节后退或在周围徘徊。

日本的"声控鱼群"技术

日本大分县水产试验场的能津纯治曾经试着把饵料投入海中，试图喂养放回海中的真鲷鱼苗，结果游回来吃料的真鲷鱼寥寥无几。后来他根据条件反射的原理，进行以水池钢琴乐曲及击鼓鸣声来控制真鲷鱼的实验，获得了成功。

1982年，在有关部门的协助下，能津纯治在佐伯湾海区开发了一个声控真鲷的海洋试验场。方法是把大量经过水池声控训练能召之即来的真鲷鱼鱼苗放回海湾。喂饵料时，开动声控装置，一边把饵料投入海中，一边播放钢琴乐曲。结果，方圆1千米范围以内的鱼儿，纷纷应声赶来。

能津纯治还进行另一项声控石鲷的实验。当乐器声响起时，石鲷也会应声赶到。能津纯治说："既然1千米声控鱼群已成现实，那么实现200千米范围的海洋牧场也是可能的。"

日本一家水产公司近年来又研制成功声波集鱼器，它能引诱鱼群游泳上浮、索饵、捕食，其诱鱼效果令人十分满意。在与探鱼仪并用的试验作业中，开机5~10分钟后就能取得集鱼效果。它对集散性强的鲹鱼、鲇鱼、鱿鱼、沙丁鱼等的诱导效果特别显著。集鱼器发出的声音是鱼类在捕食时所发出的声音，它使用集成电路记忆装置，把某些鱼类的捕食音编入微机内，具有省时、节油、渔获量高等优点。

鱼类体型千姿百态的原因

60%的鱼类都生活在海洋中。它们体型多样，但大多数鱼类的身体都呈纺锤形。由于海洋环境的复杂多变，再加上各种鱼类的生活方式不同，就使鱼类的形态变得多种多样，如鳗鱼的身体细长得就像一条蛇；鲆鲽类扁平得就像一块木板；刺鲀体圆得就像一个皮球；箭鱼的嘴又长又尖，像弓箭；燕鳐鳍大如飞鸟；海马的头像骏马，须如海草；旗鱼背鳍高如船帆；蝴蝶鱼美如彩蝶；箱鲀鱼的体型像装甲车；鲀鱼的体型颇像炮弹；躄鱼怪模怪样如枯枝败叶；鳍鳒鱼更像扁平的大嘴蝌蚪；鳍鱼侧面如立柱；银鲳体呈菱形；鲷鱼好似长方形；眼镜鱼像三角形，真称得上是五花八门、千姿百态。尽管如此，科学家还是把它们归纳成5种基本体型，即标准体形纺锤形或流线型、平扁形、侧扁形、球形和鳗形。

不同的海洋环境造就了不同体形的鱼；反之，体形不同的鱼也生活在不同的海洋环境中。一般来说，沿岸浅海，由于许多江河汇入大海，带来了大量的营养物质，因此，那里的水质肥沃，浮游生物极为丰富，鱼的种类和数量也最多。有成群结队的青鳞鱼、鲻鱼、鲱鱼和著名的凤尾鱼，有水面游弋的鲐鱼、飞鱼、鲅鱼，有栖于近岸浅水的鲥鱼、缎虎鱼，有喜欢在温水环境中生活的蝴蝶鱼和隆头鱼，有耐寒的鳕鱼和高眼鲽，还有栖身于礁石中的篮子鱼等。体型呈纺锤形的鱼，它们身体的横截面为椭圆形,最厚的部位是在身体的前1/3处,由此向后身体逐渐变窄。这样的身体构造能将水流的摩擦力降到最低限度,它们在游动中受到的阻力也最小,运动时的速度就会很快。生活在海洋中、上层的

很多鱼类都具有这种体型,如鲅鱼、鲐鱼、剑鱼、金枪鱼、旗鱼等,它们广泛分布在各大洋中,性情凶猛,喜欢追逐猎物,到处游弋。扁平形的鱼适合在海底生活,它们中有的喜欢埋身在泥沙中,有的喜欢隐身在礁石间,有的则喜欢躲在岩洞或石缝中等。一般来说,它们的游动速度都不快,动作也不太灵活,活动力弱,移动范围不大。常在水深流缓的中、下层生活的鱼类多为侧扁体型,如银鲳鱼、鳓鱼等,这种体型也不适于快速游动。鳗鱼类身体细长,适合在珊瑚礁中穿缝入穴、钻泥过草,如海鳗、带鱼等。球形鱼如河豚,当连着食道的气囊吸足空气后,它的身体鼓得像个大气球,就可以漂浮在海面上了。

鱼儿游动时总是背朝上

鱼儿在水中游动时总是背朝上，肚子朝下，这是为什么呢？为什么鱼儿在水中游动时不是肚子朝上呢？也许你会说："因为它们知道太阳在水面的上方。"可上方是什么方向？深水中的鱼儿根本见不到阳光，这又如何解释呢？

科学家曾做过这样的试验：让光线仅从水族箱的两侧射入，而不让光线从上面透入，结果发现鱼会斜着身子游动，测一下角度，倾斜与垂直方向成45°。为什么它们不把背朝上或完全朝向光源呢？原来上部的光被遮挡住，鱼认为有光的一面是太阳的方向，就试图以背对着太阳，但同时还有另一个因素阻止它们偏斜，那就是重力在起作用。鱼类的平衡器官——耳石，会对地球重力作出反应。平时，我们看到的鱼类始终保持背部向上、肚子向下的姿势，这是鱼类对太阳光的背光反应和对地心引力的重力反应的适应结果。假若切除鱼儿的耳石，也就消除了地心引力的影响。这样一来，如果光从水族箱左面射来，鱼就会将背对着左面，假若光从水族箱下面射进来，鱼就会将肚子向上翻倒过来游泳。所以，鱼是凭借光和重力的双重趋性作用来控制身体平衡的。

鱼类睡觉的方式

鱼没有眼皮，它们的眼睛根本无法闭上。尽管如此，它们仍然需要有规律的睡眠。当然，它们只能睁着眼睛睡。但不同种类的鱼的睡觉方式是不一样的。有的鱼睡觉时身体向一边倾斜，任凭水流把它们冲到某个地方；许多生活在浅海里的鱼，睡觉时只管把头在海底安置好，身体别的部分就任其高高地翘着；还有一些生活在礁石海域的鱼，睡觉的时候就会游到礁石洞里藏起来。人们很少见到鱼睡觉，道理非常简单：夜晚水里光线太暗，即使大多数鱼都已经睡觉了，但人们是很难看见的。必须借助水下探照灯，人们才有可能观察到鱼睡觉时的样子。

海水鱼类和淡水鱼类的主要区别

尽管海水鱼类和淡水鱼类都生活在水中，但是由于它们所处的水环境的性质不同，其习性以及身上的器官所起的作用也不完全一样。

首先，海水中含有大量的盐分，并且浓度很高，而海水鱼类的体液浓度比海水的浓度低，因而其体内的水分就会不断渗出，鱼类若要保持体内有充足的水分，就需要补充大量的水分。但是，由于海水的盐分很高，海水鱼类在大量饮水的过程中，高浓度的盐分也会随之进入体内，倘若不能及时把海水中的盐分从体内排出去，其体液浓度就会不断升高，以致死亡。因此，海水鱼类的鳃丝上都生有一种排盐细胞，这种细胞可以把由血液带来的盐分及时地排出体外。由于这些排盐细胞的高效率工作，使鱼体内的盐分始终保持在极低的状态，从而也就保证了鱼类的生存。

与海水鱼类恰好相反，由于淡水鱼类的体液浓度比其所处水环境的浓度高，这

样，外界的水分会不断渗透到鱼体内。然而，淡水鱼类的身体里也必须保持恒定的盐分才能存活。因此，在淡水鱼类的鳃丝上就生成一种吸盐细胞，可以帮助淡水鱼类在饮水的过程中将外界的盐分吸收到体内。除鳃上有吸盐细胞外，淡水鱼类的肾脏也具有吸盐功能。

鱼也会打哈欠

人会打哈欠，鱼也会打哈欠。

鱼打哈欠时，会把嘴张得大大的。这样，就会有更多的水流过鱼鳃，鱼鳃里的血液也就能吸收到更多的氧气。和人类不同的是，鱼打哈欠不是在早晨和晚上，而多半是在中午；不是在它们疲倦的时候，而是在它们精神最活跃的时候，因为此时它们需要的氧气最多。当遇到危险时，鱼也会突然张大嘴巴，以吸收大量氧气，帮助自己逃离险境。

不同鱼类的饮水情况

我们总会看到鱼的嘴不停地一开一合，好像是在大口大口地喝水。其实，那不过是鱼在呼吸。

淡水鱼类和海洋鱼类补充水分的情形是不同的。淡水鱼类体内的血液、体液的渗透压高于周围的环境，外界的水通过鳃渗入身体，这就冲淡了体液。因此，身体不但不需要补充水分，水的大量渗入反而有使身体胀裂的危险，所以，淡水鱼类的肾能排出近似清水的尿液。因此说淡水鱼是不需要喝水的。

生活在盐度很高的海水中的鱼类，有的喝水，有的不喝水。

有人经过一系列实验证明，海水中的硬骨鱼是喝水的。经测定，鳗鱼和缎虎鱼每昼夜每千克体重吞水量为50~200毫升，海水中的氯、钠、钾离子很快就会被吸收，然后经由鳃、皮肤特殊细胞的作用排出体外，水则被肠道吸收。

生活在海洋中的板鳃类鱼因其血液中含有尿素，使血的渗透压大于海水的渗透压，水分能通过鳃表皮渗入体内，因而它们也不需要喝水。

鲤鱼在淡水中生活时是不喝水的，而当它游到海里繁殖时又是喝水的。

鱼也会溺死

在克雷洛夫的寓言故事——《梭鱼》中,根据"检察官"狐狸的提议,决定将梭鱼溺死。

也许你会奇怪:鱼类终生生活在水中,怎么会溺死呢?而事实上,梭鱼生活在浅水环境中,如果突然把它们放进很深的水下,梭鱼的确会溺死。

鱼类都生有鳔,它们会用伸缩肌肉的办法来改变鳔的体积,这样,也就改变了身体的比重,于是它们可以任意下沉、浮起或停留在某个位置上。

不过,鱼类如果下沉到"临界线"的深度以下,那么在外界压力的作用下,它们的鳔会失效,它们身体的比重也就会大于水的比重,从而会不由自主地沉到水底再也无法浮上去,直至死亡。

如果我们把生活在深海中的鱼弄到"临界线"的深度以上,那么,它们身体内部的压力将大于外界的压力。于是,它们就会因"膨胀"而浮到水面上,直至身体"炸裂"而死亡。

所以,常年生活在海洋深处的鱼类,是不能到海洋的上层去生活的,如果一直在海洋上层或中上层生活的鱼类,一旦被放进深海里或者超过它们所生活的"临界线",就会出现溺死的情况。

鱼类的感觉

鱼类的触觉、嗅觉、味觉和其他的脊椎动物一样，都是由特殊的感觉细胞接受刺激而产生的。

鱼类的触觉细胞能接受水压或固体物的刺激；嗅觉细胞能发觉溶解或悬浮在水中的浓度很低的物质；味觉细胞是在碰到浓度很高的物体时才会有感觉。不过，这三种细胞却具有某些相同的构造，就是每个感觉细胞的前端都有一簇与神经系统相连的感觉纤毛，从而使细胞的基部伸长了。

其实生活在水中的各种鱼，周身都能感受压力，这和鱼身体上不同部分触觉细胞聚集的疏密有关系。如鲇鱼嘴的周围有很长的须，上面密布着许多触觉细胞。一般来说，生活在黑暗地方的鱼类，都具有比较发达的触觉。鱼类的味觉细胞分布在嘴边、舌上和触须上，有的鱼类甚至连皮肤上都分布着味觉细胞，所以当身体碰到食物时，它们也能分辨出酸、甜、苦、辣的味道。例如幼小的八目鳗的皮肤就能感受到盐、酸、碱和奎宁的刺激。

鱼类的嗅觉器官主要集中在鼻腔里。一般鱼类都有一对鼻腔位于头的前方。每一个鼻腔都有两个孔，中间有一薄膜将其分开，使之成为前后两个鼻孔，前面的孔叫"入水孔"，后面的孔叫"出水孔"。当鱼游动时，水从入水孔流进，然后由出水孔流出，这样，鱼类就能嗅到水中的各种气味了。八目鳗的鼻腔最为奇特，只有一个，而且生在头的顶部，两眼的中间。

鱼类的洄游

    鱼类在水中的运动，大体上可分为两种：一种是没有一定规律的、没有一定的方向性和周期性，因而被称为"不定向移动"；另一种则相反，是有目的性的，时间和距离相当长，有一定的路线和方向，并且会在一年或若干年中的某一时间、某些环境条件下，做周期性的重复，因而形成所谓的"定向移动"，这就是我们通常所说的鱼类洄游。

    海洋中有许多鱼类每年都会在一定的时间内，沿着一定的路线，成群结队地从一个生活环境游向另一个生活环境。按照洄游的目的，一般将鱼类的洄游分成三种类型：一是产卵洄游。每年到了繁殖季节，性成熟的鱼都会聚集起来，浩浩荡荡地向产卵地游去，或逆流而上从海里向江河中游去，如七鳃鳗、大马哈鱼等；或顺

流而下由江河向大海游去，如鳗鲡等；或由深海向沿岸浅海游去，如黄花鱼、带鱼等；或由浅海向深海游去，如有些鲆鲽类等。它们通过上述方式寻找适合产卵的场所，交配产卵，生儿育女。

二是索饵洄游。鱼类产完卵后，身体消瘦，疲惫不堪，会不约而同地向食物丰富的地方游去，到那里补充营养，养精蓄锐。

三是越冬洄游。寒冷的冬季来临，天气转凉，水温降低，为了度过寒冬，鱼类会游向深水区或南方暖水区。

当然并不是所有的鱼类都有洄游现象，有些鱼类终生过着定居生活。

鱼类洄游的原因很多，首先是受到外界条件的影响。由于鱼类在水中生活，它们的活动受到水流、温度和盐度等的影响，特别是对幼鱼的洄游起着重要作用。大多数鱼类也和候鸟一样，对温度的变化相当敏感，它们只能在一定的水温中生活，当水温发生变化时，鱼类就需要寻找适合的生活环境，从而产生洄游现象。例如分布于中国沿海的大黄鱼、小黄鱼等。

淡水鱼

青　鱼

青鱼又称"青根鱼""乌青鱼""青棒""螺蛳青""青鲩""黑鲩""纲青""黑鲲"等。

青鱼属硬骨鱼纲鲤形目鲤科青鱼属，是生活在中国江河湖泊中的底层鱼类，原产于长江、珠江水系，现在全国各地均有养殖，但以南方养殖较为多见。

青鱼体长，呈圆筒形，腹部圆而无角质棱，尾部稍侧扁。头较尖，头顶宽平，嘴呈弧形，上颌比下颌稍长，双眼位于头部两侧。侧线在腹鳍上方一段微弯，后延伸至尾柄的正中。背鳍短，没有硬刺，尾鳍呈叉形。鳞大而圆。体色及各鳍青黑，腹部为灰白色。青鱼肉嫩味美，肉厚刺少，营养丰富，除鲜食外，也可以加工成熏制品、罐头食品等。

鲤鱼

鲤鱼又叫"鲤子""鲤拐子",分布非常广泛。鲤鱼的种类很多,约有2 900种,是中国分布最广、养殖历史最悠久的淡水经济鱼类。鲤鱼体型侧扁,腹部圆滑。体背面为黑褐色或带黄色,侧面为金黄色,腹部为白色。雄鱼尾鳍多呈橘红色,侧线明显,微弯,嘴部特别发达,口腔的深处有咽喉齿,用来磨碎食物。通常嘴边有须,但也有没须的。背鳍的根部长,背部在背鳍前稍隆起。鳞片较大。背鳍和臀鳍都生有硬刺,背鳍长,臀鳍短,尾鳍呈叉形。成鱼在春季繁殖后,需要摄取大量食物。不同生长阶段的鲤鱼取食方向也是不一样的,幼鱼主要以浮游生物为食;体长达到2厘米后就会以小型底栖无脊椎动物为食;成鱼主食底栖动物,也食水草和藻类,属杂食性鱼类。

鲤鱼属亚洲原产的温带淡水鱼,是典型的杂食性底栖鱼类,适应力强,能在严寒、碱性强以及缺氧的环境中生活,通常多生活在平原地区温暖的湖泊或水流缓慢的河川里。鲤鱼喜光但怕强光,生性好动,喜欢在水中嬉戏,受惊后多潜入水底。

鲤鱼原产于中国,后逐渐传入其他国家。如今,鲤鱼已成为一种世界性的养殖鱼类。新中国成立后，随着生物工程技术的迅猛发展，科学家们通过人工杂交育种技术，培育出了芙蓉鲤、荷元鲤、丰鲤、建鲤等许多生长快速、品质良好的鲤鱼新品种。同时，鲤鱼因为体表色彩绚丽，因而具有很高的观赏价值。在日本，红色的鲤鱼被称为"锦鲤"，象征吉祥、幸福，更有"神鱼"和水中"活宝石"的美称。

鲤鱼是目前网箱和精养鱼池的主要品种。鲤鱼的觅食能力强，对饵料的要求低，生长速度虽不如鳙鱼、草鱼、鲢鱼，但明显快于鲫鱼。鲤鱼对水质要求不高，适应性强，能在水质恶劣的环境中生存，是中国淡水鱼中总产量最高的一种鱼。黄河鲤鱼是中国四大名鱼之一。鲤鱼的营养价值很高，含有极为丰富的蛋白质、脂肪以及多种维生素。

小知识

鲤鱼喜欢跳跃的原因

鲤鱼非常喜欢跳跃，而且它们跳跃的本领还真不小，一般能跳2米左右的高度，所以，鲤鱼是鱼类中的跳高健将。

那么，鲤鱼为什么喜欢跳跃呢？

根据科学家的观察和研究，发现鲤鱼跳跃有以下几种原因：

第一是由水下环境的变化引起的。当鲤鱼在水下，突然遇到敌人的袭击，它们需要及时躲避，就会用跳跃的方式来迷惑敌人；

第二是鲤鱼在前进途中突然发现障碍，为了迅速越过障碍，它们便会采用跳跃的方式继续前进；

第三是生理上的变化。如一些雌鲤鱼快到产卵期时，身体里面就有可能产生一些刺激神经的激素，使鱼处于兴奋状态，因而产生跳跃现象；

第四是水面气候的变化。当要刮风或下雨时，水面的气压较低，水中可能产生缺氧现象，鲤鱼就需要跃出水面吸氧，因而会跳出水面。

鲫　鱼

鲫鱼是鲤形目的一种。一般体长15~20厘米，身体侧扁，而背厚高，颇似纺锤。头短小，腹部圆，没有吻须。体背面呈青褐色或灰黑色，两侧腹面渐变成银灰色，至腹部则呈灰白色。鳞片较大，背鳍长，外缘较平直。背鳍、臀鳍第三

根刺坚硬锐利，后下缘呈锯齿形，胸鳍末端可达腹鳍起点，尾鳍呈叉形。

鲫鱼的颜色会随着环境的变化而变化，生长的水域不同，体色会有差异。如在有水草的池塘里，多呈橘黄或金黄色；在淤泥较厚的水域里，多呈青灰色；在江河等较清澈的水里，多呈灰白或浅黄色。

鲫鱼喜欢成群活动，从人类的视角来看，它算得上是淡水鱼中智商较高的一种，且性格温和，有"鱼中君子"的美称。

鲫鱼最大的特点是对环境的适应能力特别强。从亚寒带到热带，不论水体深浅，也不管是流水、静水，还是清水、浊水，它们都能适应。它们一般喜欢栖息在水草丛生、水流缓慢的池塘、湖泊及浅水河湾中。对水质条件、水温、产卵场地及食

物都不苛求，能在其他养殖鱼类所不能忍受的不良环境中生长繁殖。鲫鱼属于杂食性鱼类，动物性食物以苔藓虫、枝角类、桡足类、轮虫及虾等为主；植物性食物则以植物的碎屑为主，常见的如水草、硅藻类及丝状藻类等。鲫鱼在中国除青藏高原外的各地区分布十分广泛。鲫鱼在各种水体皆可生长、繁殖，且一年就能达到性成熟，种群恢复快，产量很高，所以一直被作为混养搭配的对象。鲫鱼的养殖品种繁多，常见的各种金鱼便是普通鲫鱼经过人工筛选、培育而成的变种。

鲫鱼，性温平味甘，有清热解毒、利水消肿、益气健脾、温中下气、通脉催乳之功效。中医常用其治疗食欲不振、脾胃虚弱、水肿、腹水、产妇少乳等症。在寒气袭人的冬季，鲫鱼肉肥籽多，味道鲜美，故民间有"冬鲫夏鲇"

之说。中国古代医学典籍《本草经疏》中对鲫鱼有极高的评价："诸鱼中唯此可常食。"鲫鱼含有丰富的营养，如经常食用，能益气养身。

鳇　鱼

海水是咸的，所以生长在海洋里的鱼，叫"咸水鱼"；江河是淡水，生长在其中的鱼，叫"淡水鱼"。我们知道，世界上最大的鱼是生活在海洋中的鲸鲨。同样，在江河里，也有大得出奇的淡水鱼，它就是鳇鱼。

鳇鱼属鲟科，体型和鲟相似，体长可达5米，重500千克以上。背为灰绿色，腹部为黄白色。鳇鱼产于中国东北的黑龙江，当地渔民曾捕获过重1 000千克以上的大鳇鱼。

鳇鱼是底栖鱼类，平时很少浮出水面，而是伏在江底的石块间，以突然袭击的方式捕食其他鱼类，

如鲤鱼、鲇鱼等。鳇鱼没有牙齿，进食时，总是将猎物生吞下去。它们最喜欢吃的是大马哈鱼，每逢大马哈鱼从海洋洄游到黑龙江时，鳇鱼就可以大饱口福了。

每年7月，是鳇鱼的繁殖期，它们成群结队地游到黑龙江的主流寻找沙石质的江底交尾。幼鱼孵出后，以水蚤、糠虾为食；2岁后，才能吞食小鱼；16岁时才进入成鱼阶段。鳇鱼的自然寿命比其他淡水鱼长，一般能存活40～60年。

鳇鱼的肉和卵(鱼子)，味道鲜美，营养价值很高，是中外驰名的美食。

淡水黑鲷

淡水黑鲷俗称"海鲋""青郎""海鲫"。野生鱼种分布于澳大利亚北部的塔利河水系。淡水黑鲷的形态与中国的海水鲷相似，身体侧扁，体高、背厚。生活在不同环境中以及不同年龄的淡水黑鲷的体色是不一样的。一般在幼体阶段呈金黄色，成鱼体色为黑灰，体表手感较粗糙，在较暗的体表上呈现不规则的金黄色斑块。胸鳍一般为灰色或金黄色，背鳍、臀鳍和尾鳍外缘的色彩较淡。鳃盖骨下缘有一突出的刺，不超过鳃盖骨后缘。淡水黑鲷游动迅速，在自然条件下，喜欢栖息在水质较好、水草丰富的水域的石砾间及草丛中，以蠕虫、小虾、昆虫、青蛙、藻类、植物根茎及部分水生植物碎屑为食，为杂食性鱼类，生存温度为12℃~34℃。淡水黑鲷的最大个体体重可达4千克以上。幼年期的生长速度相对较慢。随着个体的增长，生长速度会逐渐加快。但当其体重达到400克左右时，生长速度又会减慢。

淡水黑鲷具有生长速度快、抗逆性强、肉质细嫩、营养价值高等特点，在澳大利亚经人工养殖后取得了巨大的成功。淡水黑鲷还是联合国粮农组织继罗非鱼之后，向全世界推广的又一优良品种。1998年，山东省淡水水产研究所首次从澳大利亚引进淡水黑鲷鱼苗进行试养，经过多年潜心研究，终于在鱼种培育、成鱼养殖、亲鱼培育、人工繁殖以及疾病预防等方面获得成功。

鲇 鱼

鲇鱼也叫"圆头鱼"，鲇鱼类是世界上淡水鱼中种类最多的一群，现存的鲇形目一共有2 400多种，分属于30个科。它们的体长、色彩及形态多种多样。

不同种类的鲇鱼在体长和体重上的差异很大，最小的一种鲇鱼体长只有4~5厘米。泰国的渔民曾捕捉到一条重达293千克的鲇鱼，可能是世界上迄今为止捕获的最大的鲇

鱼。鲇鱼大多在嘴边长有像猫的胡须一样的触须,头部扁平,大部分喜欢独居,少数喜欢群居生活。

鲇鱼的眼睛已经基本退化,视力非常差。它们大多栖息在淡水中,只有少数种类在海中栖息。它们的胃口非常好,无论是动物还是植物统统是它们的腹中美餐。

俗话说:鱼儿离不开水。但鲇鱼却拥有离开水暂时到陆地上生活的能力,甚至靠着胸鳍支持和尾部拍打,还能在地上"走"几步呢!

鲇鱼的肉质细嫩,营养丰富,刺少、易消化、开胃,特别适合老年人和儿童食用。

鲇鱼效应

"鲇鱼效应"源自一个渔夫捕鱼的故事。

据说挪威人喜欢吃沙丁鱼,但是每次捕获沙丁鱼时,总是在还没到岸的时候,沙丁鱼就会因缺氧而死。渔夫为了保证它们鲜活,就放了一些鲇鱼进去。因为鲇鱼好动,而且偶尔还会捕食沙丁鱼,所以沙丁鱼就和鲇鱼一起四处游窜,激起无数的水花,这样就丰富了水里的氧气,增强了沙丁鱼的活力,延长了它们的生命。

在自然界中,"鲇鱼效应"十分常见。科学家曾观察过大自然中的鹿群,他们发现,如果一个鹿群的活动区域内没有天敌,它们就会因不再奔跑,导致身体素质逐渐下降,这个鹿群的整体繁衍就会受到极大的影响。在我们的生活中也常有这种现象,缺乏竞争的团队,其生命力远远不如在激烈的竞争中经受锻炼的团队。

"鲇鱼效应"已被应用到人力资源管理及领导的活动中,具体包括:竞争机制的建立、能人的启用及领导风格的变革等。

泥　鳅

　　泥鳅，又叫"鳅鱼"。分布特别广泛，中国除西北高原地区以外，从南到北的湖泊、池塘、沟渠和水田底层，凡是有水域的地方几乎都有它们的踪迹。

　　泥鳅喜欢栖息在静水区的底层，浑身滑溜溜的，背部和两侧为灰黑色，全身布满黑色的小斑点，在尾柄处还有许多大黑点。泥鳅的眼睛很小，嘴的周围长着5对触须。它们的生命力相当顽强。泥鳅的肠子很特别，肠壁上布满了密密麻麻的血管，前半段起消化作用，后半段起呼吸作用。当泥鳅在水中感到氧气不足时，就会到水面上吞吸空气，然后再回到水底用肠进行呼吸，废气由肛门排出。所以，在泥鳅比较集中的地方，人们往往能看到水　里冒出很多气泡。

　　泥鳅还有一个有趣的名字，叫"气候鱼"。因为它们能够准确地预报天气，是一种活的"晴雨预报表"。当天气晴朗，气压高，有较多的氧气溶解在水中时，它们活动减少主要依靠鳃进行呼吸，这预示着天气晴朗；相反，气压低，溶氧量减少时，它们仅仅依靠鳃呼吸无法满足生存需要，只好浮出水面吸取氧气，用肠帮助呼吸，有时甚至会成群跃出水面，显得非常躁动，这就是即将下雨的前兆

了。当它们呈假死状态，漂在水面上，或长时间头朝上，浮在水面不沉下去，就表示可能有暴雨来临；当它们竖直了身体，还剧烈地游动，头部不断透出水面呼吸，而且还迅速地将气体由肛门排出，则预示着大风即将到来。有经验的渔民根据泥鳅的各种不同表现，就可以预知天气变化，甚至比天气预报还要准确。

泥鳅肉质细嫩，味道鲜美，深受人们的推崇，有"水中小人参"之称。泥鳅经过春天的养育，到了夏令初秋的天热时节，肉质最为肥美，故民间有"天上的斑鸠，地下的泥鳅"的说法。泥鳅的营养价值在鱼类中名列前茅，还有较高的药用食疗价值。《本草纲目》中记载：泥鳅甘、平、无毒，能温中益气；泥鳅的蛋白质含量很高，有消炎抗癌的作用，还能解渴醒酒、利小便、壮阳、收痔等，夏天食用能降温去火。泥鳅是重要的水产品之一，市场前景非常广阔。

加州鲈鱼

　　加州鲈鱼原名"大口黑鲈"，原产于美国加利福尼亚州密西西比河水系，是一种生长迅速、抗病力强、肉质鲜美、易捕获、适应能力强的肉食性鱼类。通过引种，现已广泛分布于美国、加拿大等国家的淡水水域，尤其在五大湖区的种群十分庞大。目前，加州鲈鱼也被法国、英国、巴西、南非、菲律宾等国家引进。中国台湾、广东、山东等地也引进加州鲈鱼，并相继通过人工繁殖成功，都取得了较好的经济效益。

　　加州鲈鱼可以放入池塘中进行混养或单养，也可以放在清水塘中精养。这种鱼肉质坚实，肉味清香，加上能够实现活体上市，供食用者挑选，故备受青睐。另外，加州鲈鱼还受到世界各地广大垂钓者的喜爱。

　　加州鲈鱼主要栖息在浑浊度低且有水生植物分布的水域中，如湖泊、水库的浅水区、沼泽地带的小溪、河流的滞水区和池塘等。它们经常藏身于水下岩石或水生植物丛中，有占地习性，活动范围较小。在池塘里养殖时，它们喜欢栖息于沙质或泥沙质不浑浊的静水环境中，活动于中下水层。它们性情较温驯，不喜跳跃，并且容易受到惊吓。加州鲈鱼主要以肉食为主，掠食性强，摄食量大，常单独觅食，喜捕食

小鱼虾。食物的种类依鱼体大小而异,孵化后1个月内的鱼苗主要摄食轮虫和小型甲壳动物。当体长达到5～6厘米时,便会大量摄食水生昆虫和鱼苗。当体长达到10厘米以上时,常以其他小鱼作主食。当饲料不足时,还会出现自相残杀的现象。在人工养殖条件下,也摄食饲料,而且生长良好。

加州鲈鱼1岁以后才能达到性成熟。在每年的2—7月间产卵,4月为其产卵旺季。在一定的生态条件下,如水流清澈、池底长有水草等,加州鲈鱼可以在池塘中自然繁殖。产卵前,雄鱼在池塘边水较浅处用水草或植物根茎筑巢,筑好巢后便会在巢中静静等候雌鱼到来。雌雄鱼相会后,雄鱼不断用头部顶托雌鱼腹部,使雌鱼发情,身体急剧抖动排卵,雄鱼便即刻射精,完成受精过程。雌鱼产卵后即离开巢穴觅食,雄鱼则留在巢穴边守护受精卵,不让其他鱼类靠近。其受精卵略带黏性,黏附在鱼巢内的水草和沙砾上。待鱼苗出膜可以平游后,雄鱼才会离开巢穴觅食。

草　鱼

　　草鱼是鲤科草鱼属的唯一一种，又名"鲩鱼""厚鱼草棒""草包鱼""草根鱼"等。

　　草鱼的身体较长，近似圆柱形，腹面无角质棱，尾部侧扁。头顶宽平，口圆钝，上颌稍长于下颌，侧线微弯，后延至尾柄的正中轴。尾鳍呈叉形，体色黄褐，背部及头部的颜色较深，腹部为灰白色。鳞大而圆，后缘为灰褐色。胸鳍和腹鳍为灰黄色，其余各鳍为淡灰色。

　　草鱼通常栖息于水体的中下层或水草多的地方，是比较典型的草食性鱼类。贪

食,活泼好动,游动速度快,常成群觅食。草鱼在鱼苗阶段以浮游生物为食,幼鱼期兼食蚯蚓、昆虫、藻类和浮萍等,当体长到10厘米以上时,则完全以水生植物为食,是鱼类中典型的"素食主义者"。中国除新疆和青藏高原以外的地区,都能看见它们的身影。

草鱼具有很高的营养价值,富含蛋白质、脂肪及多种维生素。草鱼肉厚、刺少、味鲜美,肉质白嫩、韧性好、出肉率高。

另外,还有一种被称为"野草鱼"的赤眼鳟,外形酷似草鱼,唯有眼睛的上半部有红色斑,这也是它最显著的特征。

鳙鱼

鳙鱼又名"大头鱼""胖头鱼""黑胖头""包公鱼""花鲢""红鲢""黄鲢""黑鲢""麻鲢"等,是鲤科鳙属的唯一一种。主要分布在中国东部、中部和南部的江河中,但长江三峡的上游和黑龙江流域则没有鳙鱼的分布。

鳙鱼的身体侧扁,头极肥大,嘴巴也较大,下颌稍向上倾斜。眼小,位置偏低,嘴上没有须。鳞片也较小,腹面仅腹鳍至肛门有皮质腹棱。胸鳍长,末端超过腹鳍的基部。体侧的上半部为灰黑色,腹部灰白,两侧杂有许多浅黄色及黑色的不规则小斑点。

鳙鱼的很多习性与鲢鱼相似,栖息于江河湖泊的中上层,但活动力没有鲢鱼强。喜欢生活在水体的中上层,动作较迟缓,不喜跳跃。主要以浮游动物为食,也吃一些藻类。

鳙鱼的营养丰富,肉质肥嫩,特别是鳙鱼头,大而肥美,是深受人们喜爱的佳肴。鳙鱼以鲜食为主,也可加工成咸干品、罐头或熏制品。

鳙鱼是品质优良的淡水经济鱼类之一,目前在中国各地均有养殖,以长江流域中下游地区为主要产地。

银 鱼

银鱼因体色银白、全身透明而得名。它们是1年生的小型经济鱼类，广泛分布于江河湖泊、水库等水域。中国的银鱼产区主要集中在长江及淮河下游的浅水湖泊中，尤以太湖银鱼最负盛名。太湖银鱼俗

称"小银鱼"，长度在3~6厘米；长江银鱼又称"短吻间银鱼"，俗称"大银鱼""面条鱼"，长度为8~20厘米。它们的共同特点是身体细长，略呈圆筒形；头部扁平，呈三角形。吻短，口小，全体透明，从头部可以清楚地看到脑的形状。各鳍较透明、无色，体侧每边沿腹面各有一行黑色素小点。它们终生浮游在水体的中、下层，主要以浮游生物为食，也吃少量的小虾和鱼苗。

中国食用银鱼的历史十分悠久。据《太湖备考》记载，春秋时期，太湖就盛产银鱼。相传吴王夫差打败越王勾践后，为了庆祝，与西施泛舟太湖，常将吃剩的鱼肉倒入湖中，后来这些鱼就化成了银鱼。因此，银鱼还有个名字叫"哈残鱼"。银鱼成群漫游在水中，如银梭织锦，似银箭离弦。出水以后，顷刻变白，除了一对眼睛似两粒乌砂外，全身洁白无瑕，晶莹得像用水晶、白玉或象牙制成的精美工艺品。纤细的骨骼是肉眼难辨的，看上去姣美无比。

银鱼肉质细腻，无鳞、无刺、无腥味，可以制成各种美味佳肴。清康熙年间，

银鱼就被列为"贡品"。现在,冰鲜银鱼远销海外,人称"鱼参"。经过加工制成的银鱼干,色、香、味、形经久不变,烹制时一点不比鲜银鱼逊色。银鱼还有医用价值,《食物本草》《本草纲目》《医林纂要》《随息居饮食谱》等医学著作记载:银鱼有"补肺清金、滋阴、补虚劳""宽中补胃、养胃阴、和经脉"等功能。

鲢鱼

鲢鱼又称"白鲢""白胖头""连条子""鲢子""竹叶鲢""地瓜鱼""跳鲢"等，属硬骨鱼纲鲤形目鲤科鲢亚科。鲢鱼主要分布于中国中部、东北部、东南、南部地区江河中。鲢鱼体型侧扁，稍高，头较大，约为体长的1/4。口宽大，下颌稍向上突出，吻圆钝且较短。眼睛小，位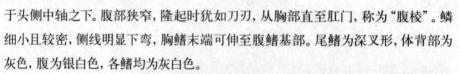于头侧中轴之下。腹部狭窄，隆起时犹如刀刃，从胸部直至肛门，称为"腹棱"。鳞细小且较密，侧线明显下弯，胸鳍末端可伸至腹鳍基部。尾鳍为深叉形，体背部为灰色，腹为银白色，各鳍均为灰白色。

鲢鱼是生活在江河湖泊中上层的鱼类，与青鱼、草鱼一样，是中国主要养殖鱼类之一，是淡水养殖的优良品种。

鲢鱼有健脾补气、温中暖胃的功效，尤其适合冬天食用；可治疗食欲减退、瘦弱乏力、脾胃虚弱、腹泻等症；还具有补气、暖胃、养颜、乌发、泽肤等功效。

乌鳢

乌鳢，俗称"黑鱼""乌鱼"，是一种生活在淡水中的鱼类。由于乌鳢的头很像蛇头，所以在英文和俄文中，都把乌鳢称为"蛇头鱼"。乌鳢分布极广，中国除西部高原地区外，从黑龙江至海南的江河、湖泊、池塘、水库等各种类型的水体中都能见到它们的身影。

乌鳢身体细长，前部呈圆筒状，后部侧扁。嘴很大，长满了锋利的牙齿。喜欢生活在水体的底部，为凶猛的肉食性鱼类。乌鳢有两大特点，一是十分凶猛，攻击性强。乌鳢以鱼、虾等为食，但从不主动追赶猎物，更多的时候它们像个老练的猎手，先隐藏自己然后再等待猎物上钩，以突然袭击的方式，一下咬住猎物吞进肚里。二是爱子如命。产卵后，雌雄乌鳢会一起守护在"育婴室"周围，不让其他鱼类或蛙类靠近。幼鱼会游动以后，亲鱼还会常常随行左右。若有其他鱼类或蛙类企图偷袭幼鱼，亲鱼就会拼尽全力驱赶这些不速之客。

乌鳢肉质细嫩，刺较少，味道鲜美，营养丰富。可滋身健体，入药有祛瘀、生肌、补血的功效。现在乌鳢已经成为淡水养殖的重要品种。

鳜鱼

鳜鱼，又名"桂鱼""桂花鱼""花鲫鱼""季花鱼"等。

鳜鱼是中国的特产，国外引入后，大受欢迎，被称为"中华鱼"。鳜鱼在中国分布极广，南起广东，北至黑龙江，几乎所有的江河及大小湖泊都是它们的栖身之所。鳜鱼外形漂亮，身体为黄绿

色，有鲜明的黑斑，鳜鱼虽然漂亮，可一点也不温柔，是非常凶猛的肉食性鱼类。刚刚孵化的小鱼苗，就以其他鱼类的鱼苗为食，能吞食相当于自身长度70%~80%的其他鱼类的鱼苗。饥饿时，甚至会同类相食。它们的胃口很好，生长速度快，长大后主要以鱼、虾、泥鳅等为食。鳜鱼还有一个非常有趣的习性，就是它们经常成对活动。人们在垂钓的时候就是利用鳜鱼的这个特点，把已经钓到的鳜鱼有意在水中溜几个回合，就可以把另外一条也捞上来。

鳜鱼主要吃活食，所以其肉质细嫩，味道鲜美，可谓"席上有鳜鱼，熊掌也可舍"，历来被认为是鱼中上品、宴中佳肴。每年春季鳜鱼最为肥美，被称为"春令时鲜"。中国的各大菜系中，都有以鳜鱼为主料的名菜，如苏菜的"松鼠鳜鱼"、鲁菜的"烤花揽鳜鱼"、绍兴的"清蒸鳜鱼"等。

文人墨客对鳜鱼也情有独钟，诗画众多。其中唐代诗人张志和的"西塞山前白鹭飞，桃花流水鳜鱼肥"最具代表性。

丁　桂

丁桂，原产于欧洲，广泛分布于欧洲的各大内陆河流、湖泊中，以匈牙利、西班牙和捷克三国较多。丁桂以其所特有的黄、蓝、白、绿四种颜色的体表和细嫩的肉质、鲜美的味道和极高的营养价值，几个世纪以来一直受到欧洲消费者的青睐，是欧洲人

餐桌上的一道美味佳肴，同时也是重要的垂钓鱼和观赏鱼。

丁桂体型略呈圆筒形，头部及眼较小，鳞片细密，侧线上部颜色较深，下部较浅，腹部略黄、带白色，吻部有一对极短的唇须，鳍条无硬刺，胸、腹鳍呈扇形，尾鳍平截或微凹。

丁桂喜欢生活在水草茂盛、氧气充足的江河、湖泊和水库中。这种鱼还拥有类似于两栖动物的本领，那就是耐低氧，皮肤具有呼吸功能，即使离水相当长的时间也不会死亡，这可以确保上市的丁桂通常都是鲜活的，这也是它们深受广大消费者青睐的原因之一。丁桂不仅对氧气的耐受性强，而且对水体的pH和温度的耐受性同样了得，它们能在pH为6~10的水中生活，生存温度为1℃~40℃，适宜生长的温度为22℃~28℃。丁桂的食性较杂，主要以浮游生物为食。丁桂的性成熟年龄为2~3岁。

鲟鱼

鲟鱼是体型最大、寿命最长、年代最古老的鱼类之一，迄今已有2亿多年的历史，被称为水中的"活化石"。

世界现有鲟鱼26种，主要分布在北半球。中国有9种，在长江流域生活的三个分支——中华鲟、达氏鲟、白鲟，均被列为国际濒危物种。

鲟鱼属于硬骨鱼类，在2亿年的繁衍变迁过程中，部分种类已经灭绝，有的也已成为濒危物种，现今世界上仅存鲟鱼2科6属26种。在中国长江水系、新疆水系、黑龙江水系、珠江水系都有不同种类的分布。

鲟鱼体呈梭形，尾鳍歪，像我们常见的鲨鱼尾。口在头部的下方，多能伸缩吞吸食物。鲟鱼个体大，最大者曾有过680千克的记录。鲟鱼不仅肉质鲜美，鱼卵还可以制成有"黑色黄金"美称的鱼子酱。鱼肉中含有十多种人体必需的氨基酸和脑黄金，对促进人脑发育、提高智能、软化心脑血管、预防老年痴呆症均具有良好的功效，软骨和脊髓中还含有抗癌因子，鱼鳔可以用来制作工业上用的明胶。因此，鲟鱼不但具有很高的学术研究价值，而且具有很高的经济价值。把鲟鱼的头盖骨揭开，会看到里边有13层排列整齐的软骨，第一层形似枫叶，最后一层像一只翩翩欲飞的蝴蝶，这两样东西因名贵难得，历来是俄罗斯贵族送给情人的最佳定情之物。鲟鱼主要以小型底栖动物、浮游动物、小型鱼类、两栖类的幼体及水生昆虫等为食。

武昌鱼

武昌鱼又名"团头鲂"，属硬骨鱼纲鲤形目鲂属。体高侧扁，身体呈长菱形。头尖口小，口端尖、吻圆钝，下颌曲度小。背鳍硬刺短，胸鳍较短。腹面自腹鳍基到肛间有明显的腹棱。体鳞较细密，体侧每个鳞片基部为灰黑色，边缘黑色素稀少。体色青灰或深褐色，身体背部略带黄铜色泽，各鳍为青灰色，两侧下部为灰白色，体侧具有灰白色条纹。武昌鱼是一种以植物性食物为主的杂食性优质鱼，营养价值与经济价值都很高。

武昌鱼原为中国长江中游湖泊中一种较大型的经济鱼类。其分布范围较小，天然产量也不高，现已驯化成为淡水养殖的一个重要鱼种。近年已被移植到各地的天然水域中。

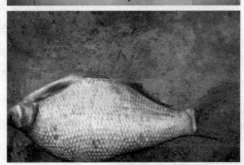

黄 鳝

　　黄鳝，俗称"鳝鱼""田鳗"等，为温热带淡水底栖性鱼类。广泛分布于中国各地的湖泊、河流、水库、池沼、沟渠等水体中。除西北高原地区外，各地区均有记录，特别是珠江流域和长江流域，更是以盛产黄鳝而闻名。黄鳝体圆且细长，呈蛇形。一般体长25~40厘米，最大个体体长70厘米，体重1.5千克。前部为圆筒形，后部渐侧扁，尾部尖细。头圆，唇发达，上下颌有细齿。眼小，有皮膜覆盖。左右鳃孔在腹面相连。身体上没有鳞片，无须，体表黏滑。体呈黄褐色，有不规则的黑色斑点，腹面为灰白色。

　　黄鳝具有性逆转的特性。即某一时期为雌性，另一时期就会变为雄性。据观察，第一次性成熟的个体绝大部分为雌性，产完卵后即变为雄性，以后终生保持雄性状态。黄鳝常栖息于湖泊、沟渠、堰塘、河道及稻田中，白天潜入泥底及池堤或石缝中，很少活动，夜间出穴觅食，活动频繁。黄鳝是肉食性鱼类，主要以浮游生物及水生昆虫为食，也捕食一些小鱼、小虾、蝌蚪等。黄鳝对食物很挑剔，食物不可口不吃，不新鲜也不吃。

　　黄鳝还有冬眠的习性。每年秋冬时节，当水温下降到10℃以下时，它便会钻进洞穴，进入冬眠状态。第二年春天，水温回升到10℃以上时，它又会出穴活动和觅食。黄鳝还有一项特殊的本领，就是可以用口腔表皮直接呼吸空气中的氧气，即使离水较长时间也能存活。

　　黄鳝肉味鲜美。相传乾隆皇帝下江南，第一次尝

到又鲜又嫩的黄鳝肉，极为赞赏。从此，黄鳝年年进贡，身价百倍。黄鳝的营养也非常丰富，在30多种常见的淡水鱼中，黄鳝体内钙和铁的含量居第一位，蛋白质含量居第三位。黄鳝是一种高蛋白质、低脂肪食品，是中老年人的营养滋补品，在补充营养、健体强筋、增强抗病力等方面都具有特殊的价值。民间流传有"夏吃一条鳝，冬吃一支参"的说法。日本人还有三伏天吃烤鳝鱼片的习俗。中国历代医书中都有黄鳝"味甘，性温，无毒，补虚损，除风湿，通经脉，强筋骨，主治痨伤、风寒湿痹、下痢脓血、痔瘘"等记载。现代医学发现，从黄鳝中提取的"黄鳝色素"，有降低血糖和调节人体糖代谢的作用，可治疗糖尿病。国内外学者还发现，黄鳝中含有丰富的DHA和EPA，可促进儿童大脑发育，还具有抑制心血管疾病和抗癌、消炎的作用。

狗 鱼

狗鱼分布在北半球的淡水河湖中，是一种生活在缓流的河川或湖沼中的淡水鱼。一般体长约0.4米，重约15千克，最大的长约2米，重达50千克。身体呈暗绿色，体表有黄色的花纹。背鳍和臀鳍在身体后部，上下对称排列。口大而扁平，类似于鸭嘴，下颌相对突出。

狗鱼一般在早晚觅食，其他时间都安静地潜伏着。狗鱼不喜欢到处游动，常常是静静地等候猎物上门。它们停在水草间，体色与周围的环境融为一体，很难分辨。当猎物接近时，它们就会突然跳出来并发动攻击。有时，在河流的浅水里，狗鱼还会顺流而下，

不断摆动尾鳍，将水搅浑，然后趁机捕捉顺流而下的鱼儿，狠狠地将其咬死并吞食掉。它们这一招真可谓是"浑水摸鱼"。

狗鱼主要以鱼类为食。它们颌内锐利的牙齿向内弯曲生长，密密麻麻地排列着，一旦咬住猎物，就决不松口，猎物也很少能摆脱它们的利嘴尖牙。狗鱼是淡水鱼中生性最凶猛、最粗暴的肉食性鱼类，它们除了袭击其他鱼外，还会袭击蛙、鼠或野鸭等，有时水獭也会成为它们袭击的对象。它们甚至还会向在水中游泳的人发动进攻。

狗鱼的食量很大，生长速度也很快。孵化出的幼鱼第二年就能凶猛地捕食猎物。3岁时达到性成熟，然后开始产卵。

每到春暖时节，冰雪开始消融，狗鱼的繁殖期也随之而来。雌鱼在水草间产卵，

每次产下5万~10万枚卵。虽然每次产卵数量很多，但这些卵中能长成成鱼的却只有极少数。

据说狗鱼的寿命长达30年，也正是因为寿命长，所以人们偶尔会发现一条巨型狗鱼。雌鱼的寿命比雄鱼更长，体型也更大。

狗鱼在国际上享有很高的声誉，是餐桌上的美味佳肴，可以用来做鱼丸、鱼段、鱼馅、鱼片、烧、炒、炖都可以，而且味道还有点像牛肉丝。国外还用它制作腌食、罐头、熏食生鱼片等。狗鱼还具有很高的药用价值，民间用它来治疗贫血、风湿、水肿、小儿麻痹、遗尿等病症。

泰山赤鳞鱼

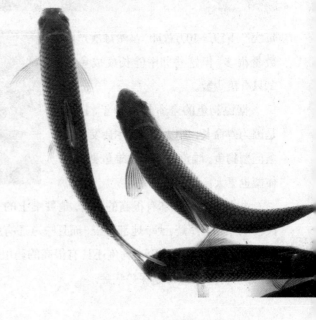

　　说起山东的名胜，恐怕你最先想到的便是"五岳之尊"的泰山。不过你是否知道一种在泰山上生活着的鱼，自古以来就被人们极力推崇，这就是"泰山赤鳞鱼"。

　　泰山赤鳞鱼中当以泰山黑龙潭所产的金赤鳞最为名贵。它们生长在海拔270~800米的泰山山涧溪流中，体长一般不足20厘米，喜欢吃藻类及浮游生物。泰山上的溪流是赤鳞鱼所喜爱的独特的生态环境，所以民间也有"赤鳞鱼不下山"的说法。极其鲜美的味道使它们名扬天下。据史书记载："将其暴于暑天之日下，不到一个时辰，即化为油。"可见其肉质的细嫩。据《泰山药物志》记载，赤鳞鱼有养颜补气、明目聪耳、补脑益智、生清降浊、延年益寿、坚齿健身的功效。李白、杜甫等人游泰山时，都品尝过赤鳞鱼的美味。清代乾隆皇帝曾多次游览泰山，每次必食此鱼。赤鳞鱼与云南洱海的油鱼、弓鱼，青海湖的湟鱼，富春江的鲥鱼，并称为中国"五大贡鱼"。

　　20世纪90年代以来，通过水产科技工作者的不断努力，在人工条件下成功地进行了泰山赤鳞鱼的繁育养殖，打破了"赤鳞鱼不下山"的说法，昔日的御用贡品已经上了百姓的餐桌。

斗 鱼

　　斗鱼是原产于泰国、马来半岛的热带淡水鱼，以善斗而闻名。成年雄鱼有着长长的背鳍和尾鳍，体色为红或蓝，非常美丽。最近培育出了各种颜色的观赏性斗鱼，甚至还有通体雪白或漆黑的斗鱼。

　　斗鱼和刺鱼一样，到了繁殖期，雄鱼就开始筑巢。虽说是筑巢，可斗鱼并不需要什么"建筑材料"，它们筑巢的材料就是空气，严格来讲，是用气泡筑巢。

　　雄性斗鱼到了繁殖期，会用口中的黏液包住从水面吸入的空气制成气泡，再从嘴里把它吐出来筑巢。用黏液包裹的气泡既不容易破碎又能很容易地相互黏附在一起。斗鱼巢的直径大约在10厘米左右，由数十个气泡集合而成。

　　虽说是巢，可看上去就是一个气泡团，让人觉得它似乎一下子就会破掉，可出

人意料的是，这个巢很结实，四五天都不会破。斗鱼卵在一两天内就会孵化，而巢又是筑在水流极微弱的地方，这样的巢够用了。

筑好了巢的雄斗鱼，身体的颜色也会因发情期的来临而更加鲜艳，它跳着舞吸引雌鱼，并尽量把自己的鳍展开，兴高采烈地围绕着雌鱼游动。达到高潮时，它们开始进行产卵。雄斗鱼用大大的尾鳍裹住横卧的雌斗鱼身体，紧紧地抱住雌斗鱼。雌斗鱼在雄斗鱼强有力的拥抱下，一次产下3~30粒卵。每粒卵的直径约1毫米，呈球形，漂浮在水中。

雄斗鱼会飞快地将产出的卵衔到嘴里用黏液包住并黏到泡巢上。然后从巢下面再粘贴气泡上去，将卵包裹住。雌斗鱼最多能产卵300粒左右，雄斗鱼一直重复着它的热舞和拥抱直到雌斗鱼产完卵为止。

产卵过程要持续1~2个小时的时间。因此，斗鱼的产卵过程是充满激情的。但是，产卵一旦结束，雄斗鱼马上就会将雌斗鱼赶走，并开始守护巢和卵。

一两天后斗鱼宝宝就开始孵化出。刚孵出的斗鱼宝宝不会游泳，会先在泡巢里悬挂3天左右。由于气泡表面具有黏性，只要斗鱼宝宝不闹腾，就不会从巢里掉落出来。在这段时间里，斗鱼爸爸有时会修理泡巢，有时会用鳍送水到卵中，有时还会捡起从泡巢里掉出的斗鱼宝宝并把它送回到巢里。当斗鱼宝宝们学会游泳时，斗鱼爸爸才会放心地离开。

海水鱼

带　鱼

　　带鱼又叫"牙带鱼""刀鱼"，分布较广，以西太平洋和印度洋居多。中国沿海的带鱼可以分为南、北两大类。北方带鱼在黄海南部越冬，春天游向渤海，形成春季鱼汛，秋天结群返回越冬地，形成秋季鱼汛；而南方带鱼每年沿东海西部边缘随季节不同作南北向移动，春季向北作生殖洄游，冬季向南作越冬洄游，所以南方带鱼有春汛和冬汛之分。在鱼汛到来之际，带鱼会聚集成大群，场面异常壮观，这正是捕捞带鱼的最好时机。东海的舟山渔场是中国最大的带鱼产地，其次是福建的闽东渔场。

　　带鱼身体侧扁如带，身体呈银灰色。背鳍很长、胸鳍小，鳞片退化。它们头尖口大，牙齿也很尖锐，看上去很凶猛。体长一般为0.6~1.2米。带鱼的

生长速度很快，每年4—5月出生的带鱼，到冬汛时的十一、二月，体重一般能达到120克左右。带鱼1岁时就能达到性成熟，但最多只能活到7岁。

带鱼属于洄游性鱼类，通常栖息在水深20～100米的近海，生殖期游至水深15～20米的海域，有明显的垂直移动现象。白天群栖于中、下层水域，晚间则上升到表层活动。带鱼游动时不用鳍划水，而是通过摆动身躯游动，既能前进，也能上下窜动，动作十分敏捷。

带鱼主要以毛虾、乌贼及其他鱼类为食，是典型的肉食性鱼类。带鱼非常贪吃，有时甚至会同类相残。渔民们在钓带鱼时，经常会见到这样的情景，钓上来一条带鱼，却发现这条带鱼的尾巴正被另一条带鱼咬着，有时一条咬一条，一提一大串，渔民们形象地称之为"带鱼咬尾巴"。

带鱼具有很高的营养价值，对病后体虚、产后乳汁不足和外伤出血等病症具有一定的补益作用。中医认为，带鱼能和中开胃、暖胃补虚，还有润泽肌肤、美容的功效，不过患有疮、疥的人还是少食为宜。

带鱼是中国的主要经济鱼类之一。带鱼肉味鲜美，颇受人们欢迎。但是人们在市场上只能挑选活鲫鱼、活鲤鱼，却从来买不到活带鱼。这是为什么呢？

因为带鱼终日生活在离海面几十米深的近底层，在这一深度，海水压力是非常大的，在漫长的进化过程中，带鱼身体的内部构造起了明显的变化，例如骨骼变薄，肌肉变得富有弹性等，它们已经适应了在压力较大的环境中生活。由于大气压力比海水压力小得多，如果突然将带鱼捞出海面，其鱼鳔内的空气就会骤然膨胀，甚至超过鱼鳔的最大容积，引起鱼鳔爆炸。此外，压力的减小还可能引起带鱼体内部分血管破裂以及胃翻出口外、眼睛突出眼眶外等，这些因素都能导致带鱼死亡。因此，人们在市场上买不到活带鱼。

鲸 鲨

  鲸鲨是鲨鱼的一种,它们的身躯非常庞大,是海洋里最大的鱼。一般体长15米左右,最大的体长25米。

  鲸鲨的头宽阔而扁平,吻突圆钝,尾巴细长,跟鲸很相像,因此得名"鲸鲨"。鲸鲨的皮呈棕色,上面有许多色斑。中国南海、东海、黄海等海域都有鲸鲨分布。

  鲸鲨是海洋里的庞然大物,但它们并不像虎鲨、大白鲨、双髻鲨等鲨鱼那样凶猛,而是性情温和,以海生小动物和浮游生物

为食。在海洋中时常可以看到成群的鲸鲨在海面上露出高大的背鳍，像鲸一样缓慢地游动，有时还会肚皮朝天，在水面上晒太阳。

鲸鲨为什么不像大白鲨那样凶猛呢？原来，它们的大嘴里没有尖利的牙齿，只长着一排非常硬的骨质乳突，

所有的食物都得经过这些乳突过滤后才能进入口腔，就像是在口腔里栽上了一道篱笆桩。这样，它们当然就不能撕咬其他鱼类了。

鲸鲨属于卵生鱼类，它们的卵是世界上卵生动物中最大的，一般有足球般大小。1953年，一艘渔船在墨西哥湾用拖网捕获到一个比篮球还大的鲸鲨的卵，这个卵长30.5厘米，宽14厘米，高8.9厘米，卵中有一只长34.9厘米的完全成形的小鲸鲨。生这样大的卵，主要是为了能保证小鲸鲨在发育过程中有足够的营养。因为鲸鲨和其他鱼类一样，卵产在体外，幼体必须依靠卵本身的营养发育，而不是像哺乳动物那样，胎儿由母体供给营养。

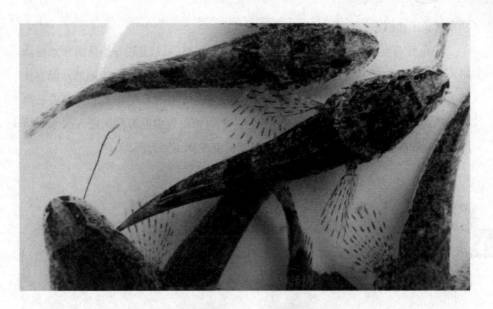

鲈 鱼

鲈鱼又叫"四花鼓鱼""媳妇鱼""鳃鲈鱼""新娘鱼"等，在中国的淡水和浅海中分布很广，东海、渤海、黄海沿岸及各地河川江湖中均有分布，但以长江三角洲为主要分布区，特别是以上海松江区所产的鲈鱼最为有名，所以被称为"松江鲈鱼"。此外，鲈鱼在日本、朝鲜和菲律宾等国的海域中也有分布。

鲈鱼体长5~17厘米。身体呈长纺锤形，前部扁平，后部近圆筒形，向后逐渐尖细。头大，宽而扁平。吻部较钝，有钝而尖的鼻棘。眼睛较小，位于头的侧上方。口宽大，位于头的前方，没有鳔。鲈鱼的体表呈黄褐色，且没有鳞片，皮肤表面有许多粒状和细刺状的皮质小突起。两个背鳍略微相连，呈圆形，胸鳍宽大，呈长圆形，尾鳍为圆截形，后缘圆凸。在其鳃孔前面，两侧各生有一个凹陷，与鳃孔形状相似，称为"假鳃"。假鳃与真正的鳃孔颜色一样，都是橙红色，所以看上去如同每边各有两个鳃孔，因此有"四鳃鲈鱼"的俗称。

鲈鱼是底栖生活的鱼类，白天大多潜伏在水底休息，夜晚才出来活动、觅食。

捕食时较凶猛,以小鱼、虾类等为食。

鲈鱼具有生殖洄游的习性。每年秋、冬季节怀卵,从11月底开始从淡水水域降河入海,到第二年2月上旬结束,历时两个多月,但降河的时间也与当地的水温有密切关系。然后于3月在浅海区产卵,卵具黏性,可以成块附着在蚌类的空壳或石砾上。产卵后雌鱼就会离去,由雄鱼护卵。五、六月份幼鱼由近海溯河进入淡水水域活动,在那里生长、发育,秋、冬时再从淡水河流重新返回大海。

小知识

江南第一名鱼

松江鲈鱼与松花江鳜鱼、黄河鲤鱼、兴凯湖白鱼并称为中国"四大名鱼",肉质细白肥嫩,味道极其鲜美,自古被誉为"鱼中的珍品佳肴",受到人们的欢迎。作为沪杭一带的特产,松江鲈鱼早在魏晋时就享有盛名,隋朝时,已经成为江南的贡品。宋朝范仲淹有诗咏道:"江上往来人,但爱鲈鱼美。"梅尧臣也有诗赞曰:"直须趁此筋力强,饮粳烹鲈加桂姜。"清朝乾隆皇帝南巡路过松江,吃了鲈鱼羹后赞不绝口,将其誉为"江南第一名鱼",令地方官府年年进贡。松江鲈鱼名扬中外,1972年美国总统尼克松和1986年英国女王伊丽莎白访问中国时,都曾提出品尝"鲈鱼羹"的要求。

近年来,由于水利建设的发展,造成江湖隔绝,使松江鲈鱼失去了生长、发育的场所,致使其种群资源不断减少。而农药、化肥的广泛使用等原因所造成的环境污染,已使松江鲈鱼这一珍稀渔业资源枯竭。20世纪70年代起,中国人工养殖松江鲈鱼的实验和研究取得成功,为这一珍贵物种的延续奠定了基础。

鲅 鱼

鲅鱼学名"蓝点马鲛"，主要分布在中国渤海、黄海、东海和朝鲜近海。其体态光滑姣美，呈纺锤形，一般体长30~50厘米，最长可达1米。背部为蓝黑色，布满蓝色斑点，腹部为银灰色。游动时，经常紧贴水面，露出尾鳍和背鳍。有时还会跃出水面，鳞光闪闪，非常壮

观。鲅鱼牙齿尖利，行动敏捷，生性凶猛。流线型的身体赋予它们奇快的游动速度，经常成群追捕小型鱼类，其中鳀鱼是它们最喜欢吃的食物。

为什么人们喜欢用鲅鱼做水饺呢？这是因为鲅鱼不但肉质结实、细腻、鲜美，而且刺特别少，去除中间一根主刺，就可以放心大胆地入馅了。鲅鱼还能制成熏制品、咸干品、罐头食品等，同样令人回味无穷。

鲅鱼经常成群结队地游至近海繁殖和觅食。远远望去，黑乎乎的一片，速度极快，并不时有鲅鱼蹿出水面，那一定是鲅鱼群。每逢鲅鱼的汛期，钓鱼爱好者常常喜欢驾船出海钓鲅鱼。鲅鱼靠近水面，很容易被发现，但其生性凶猛，即使上钩后也经常会咬断鱼线逃跑，这反而更能激发钓鱼爱好者的斗志。最奇特的是，人们钓鲅鱼时常常不用鱼饵，只用一线一钩。这是因为鲅鱼群的密度非常大，只要驾船赶上鲅鱼群，把鱼钩往其中一甩，就有可能钓上鲅鱼，人们形象地称之为"甩鲅"。

20世纪60年代以前，鲅鱼并不是中国渔业的主要捕捞对象。但进入20世纪80年代以后，随着传统渔业资源的衰退，鲅鱼开始成为黄海、渤海的主要渔业资源，年产量最高时达到几十万吨。进入20世纪90年代后鲅鱼资源开始逐渐衰竭，特别是人们对鳀鱼的滥捕，破坏了鲅鱼的食物链，近几年已经出现了鲅鱼小型化的趋势。

美国红鱼

美国红鱼是属于鲈形目石首鱼科的一种广盐、广温性鱼类，外形与中国出产的黄姑鱼较为相似，但其体色微红，故名"红鱼"。在其尾鳍基部的上方，因有一明显的黑色斑点，所以又被称为"斑点尾鲈"。美国红鱼原分布于南大西洋和墨西哥湾沿岸水域，在美国和墨西哥是重要的垂钓和捕捞对象。

中国于1991年由国家海洋局一所引进美国红鱼，1996年育出近40万尾仔鱼，在广东、福建、海南、山东、辽宁、天津、上海、浙江、江苏、广西等地试养，获得了初步成功，并取得了较好的经济效益，后在1997年掀起养殖热潮。

为什么我们要舍近求远，到美国去引进外来物种进行养殖呢？这是因为美国红鱼与目前中国能普遍养殖的一些优良品种，如黑鲷、真鲷、石斑鱼、东方红鳍豚、大黄鱼、牙鲆等相比较，具有突出的优点：

第一，美国红鱼的生长速度快，产量高，经济效益显著。该鱼肉厚结实，肉质细嫩，少刺多汁，味道鲜美，且色泽鲜艳，外观、口感俱佳。据测定，美国红鱼的蛋白质含量比大黄鱼高，但脂肪含量比大黄鱼低，属于上等海鲜食品。

第二，美国红鱼有较强的环境适应能力。在海水、咸淡水或淡水中均能正常生长，属于"三栖"性鱼类。

红鱼游动速度快，喜欢集群生活，具有明显的洄游习性。早秋从深海游向浅海或河口进行繁殖，之后便在浅海索饵，直至第二年的1月，随着冬季水温下降才转移到深海水域。

红鱼是以肉食性为主的杂食性鱼类，在自然水域中主要摄食头足类、小杂鱼、甲壳类等。幼鱼有连续摄食的习性。在体长未达到3厘米以前，同类相残的现象较为严重。

红鱼的生长速度很快，4岁时即达到性成熟。单一个体每次产卵量一般为5万～200万粒，多时能达到300万粒以上。

刺　鱼

刺鱼的背鳍、腹鳍、尾鳍不像一般的鱼有膜连在一起，看上去像是长着几根刺，它也由此得名。刺鱼广泛分布在欧、亚、北美，通常成群游动。刺鱼的身上没有鳞，不过在其身体的两侧排列着几片由鳞变化而来的鳞板。不同种类刺鱼的鳞板和刺的数量是不一样的，这也是分辨它们的一个标志。

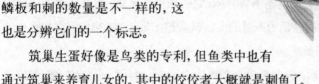

筑巢生蛋好像是鸟类的专利，但鱼类中也有通过筑巢来养育儿女的。其中的佼佼者大概就是刺鱼了。

刺鱼分为小头刺鱼、中华多刺鱼、三刺鱼等几类，通常生活在冰冷清澈的水里。它们喜欢的地方是有活水源的湖、池塘以及流动缓慢的小河。不过，虽然属于同一种类，刺鱼中有的一生都在淡水里度过，也有的平常生活在海里，到繁殖季节才溯河而上。

刺鱼的身体通常是带灰色的素淡颜色。但是，等它们将巢筑好后，成年雄刺鱼的体色便会呈现出美丽的"婚姻色"，嘴下部会变红，背部会变成蓝白色，变化之大让人不禁怀疑这是另一种鱼。

繁殖期的雄刺鱼非常繁忙，和平常悠闲自在的状态形成鲜明的对比。雄刺鱼到繁殖期会确定自己的势力范围，并在其中筑一个小小的巢，然后吸引雌刺鱼到巢里产卵，自己则负责养育后代。

产卵是雌刺鱼的工作，而筑巢、照顾卵却是雄刺鱼的活儿。雄刺鱼先收集水草根、碎叶片等材料，再用一种由肾脏分泌的黏液黏合加固材料。筑巢所选定的场所和巢的形状也会因刺鱼种类的不同而有所差别。

三刺鱼、小头刺鱼是在水底挖出的浅坑上筑造管道型的巢，就像是枯草堆；而中华多刺鱼的巢看上去非常精致，但必须不断输送新鲜的水。

不仅如此，雄刺鱼为了使水流遍所有的卵，还要用嘴不时地戳动卵，甚至会在巢顶开洞，以使水在巢内良好地流通，有时也会将洞口塞住以调节水流。由此可见雄刺鱼的生活多么繁忙！

刺鱼卵通常会在两周内孵化。虽说卵孵化出来了，可雄刺鱼的工作并没有结束。孵化后一个星期左右，刺鱼宝宝还不会游泳，它们悬垂在巢里，通过从腹部连接的卵黄吸收营养生长。其中有些活力四射的宝宝就会跑出巢外。雄刺鱼就得像哄孩子似的把它们衔在口中带回巢里。

刺鱼宝宝会游泳之后，雄刺鱼也会在巢边守护一段时间，以免宝宝们游出已划定的领地范围。把喜欢冒险的宝宝带回家也是雄刺鱼的一项工作。

等到刺鱼宝宝身体长大了，游泳技术也提高了的时候，雄刺鱼才会从育儿工作中解放出来，看着孩子们从领地里慢慢散去，雄刺鱼的生命也就结束了。可见雄刺鱼是多么任劳任怨啊！

雄刺鱼很可怜，但更可怜的还是雌刺鱼，它产下卵后连自己孩子的面都没见着就死去了。相比之下，雄刺鱼也算是幸运的吧！

最近几年，由于过度开发引起的自然破坏以及农药的影响，导致刺鱼的数量越来越少。其中，南多刺鱼，因栖息场所遭到破坏已经灭绝。

鳕　鱼

　　鳕鱼，又被人们形象地称为"大口鱼""大头鱼""大头青"等，属冷水性底栖鱼类，长期以来一直是世界上最重要的底栖鱼类，也是国际水产品贸易中的主要品种之一。它们大部分生活在太平洋、大西洋北部寒冷的海洋环境中。在中国则主要分布在黄海和东海北部，主要渔场在东海东南部、黄海北部和海南岛南部及东南海区。

　　鳕鱼抵抗严寒的能力极强，甚至在南极和北极的冰海中也能看到它们活跃的身影。那么，鳕鱼究竟为什么能在0℃以下的水中生活呢？鱼类生理学的研究结果表明，原来，鳕鱼的血液中有一种特殊的生物化学物质，叫作"抗冻蛋白"，它能够降低水的冰点，从而阻止血液冻结。就是抗冻蛋白赋予鳕鱼惊人的抗低温能力。

　　鳕鱼的食量很大，也不挑食，几乎什么都吃。它们在水里张着嘴，遇到什么

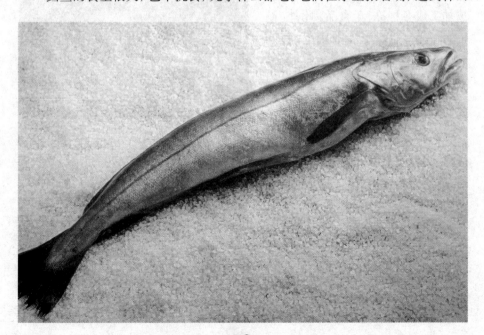

都会直接吞下去，就连幼小的同类也不例外。鳕鱼的这种贪婪，使得它们非常容易上钩。有的渔民发现，有时候他们往船下扔塑料泡沫，也能引来大群的鳕鱼。因为它们吃得多，所以长得也快，10年左右就能长到1米长。繁殖力也很强，体长1米左右的雌鱼，一次可产300万~400万粒卵之多。它们喜欢集群生活，因此很容易捕捉。鳕鱼自古就是著名的食材，世界上很多国家都把鳕鱼作为主要的食用鱼类之一。

鳕鱼是人们饭桌上的重要食品。其肉质白细鲜嫩，清新爽口，是宴请宾客的美味佳肴。除鲜食外，它们还被加工成各种冻、干食品。此外，鳕鱼的肝脏含油量高，富含维生素A和D，是提取鱼肝油的重要原料。鳕鱼的肉、鳔、骨、肝均可入药，皮还能制成皮革。

虽然鳕鱼的产量很大，繁殖力也很强，但并不是取之不尽，用之不竭的。有研究报告指出，近30年来全球鳕鱼的捕捞量已经剧减约70%，如不采取有效措施，鳕鱼资源很可能在15年内面临枯竭。现在，对鳕鱼进行计划捕捞与资源保护相结合已经成为世界各国的共识。

鮟　　鱇

发音与"安康"一样，大概是为了图吉利才这样称呼它们的吧。虽然名字很好听，可它们的长相实在是不敢恭维，经常被渔民称为"蛤蟆鱼""丑老婆子"。

鮟鱇的身体像个布口袋，一般体长40～60厘米，大者可达100厘米，身体胖，脑袋大，还有一对鼓出来的大眼睛。在那扁平的大嘴巴里，还长着两排坚利的牙齿，看上去非常凶狠。不仅长相难看，它们发出的声音也好像是老人咳嗽一样。鮟鱇的长相虽丑，可浑身是宝，皮、骨、胃、肝等都是难得的珍品，无论烧、炖、蒸、熏都深受人们欢迎。

鮟鱇不仅味道鲜美，而且还有很多有趣的故事。人会钓鱼，那么你有没有听说过鱼也会"钓鱼"呢？鮟鱇就是这样一种会"钓鱼"的鱼，人们称它们为"奇异的渔夫"。它们平时栖息在海底，身上的皮肤会随着海底颜色的变化而变化，能与周围环境融为一体，不易被发现。它们头顶上长着一个由背鳍特化而成的鳍刺，就像我

们用的钓鱼竿一样。它们在捕食的时候总是静静地趴在海底，守株待兔，只把头顶上那个鲜嫩的蠕虫般的鳍刺显露出来，不停地摇摆，很多小鱼都以为那是可口的美味，就会游过来，这时狡猾的鮟鱇就会张开血盆大口，一口把小鱼吞到肚中，然后心满意足地回到海底，

故伎重演，等待下一个目标。有些生活在深海里的鮟鱇，它们"钓鱼竿"的前端有个小囊，就像我们提的灯笼，能发出红、白、蓝等不同颜色的微光。在漆黑一片的深海，这点光非常显眼，让很多小鱼上当受骗，成为鮟鱇的美餐。

长期以来，科学家们都被一个奇怪的现象所困扰，为什么从深海里捕上来的鮟鱇都是雌鱼，而从未发现雄鱼？经过长期的研究，科学家们终于发现了其中的奥秘。原来，这是由鮟鱇奇特的婚姻关系所造成的。一经孵化，幼小的雄鱼就马上开始寻找配偶，一找到合适的对象，它们便会立即附着在雌鱼身上。经过一段时间，幼小的雄鱼的唇和雌鱼的皮肤连在一起，最后合为一体。此后，雄鱼除了生殖器官继续长大以外，其他器官一律停止发育。而且幼小的雄鱼从此就过着寄生生活，依靠吸取配偶身体里的血液来维持生命。鮟鱇的雌雄体长相也相差甚远，雌鱼大而美、雄鱼小而丑。有人曾捕到一条1米长的雌鮟鱇鱼，而附着在它身上的雄鱼仅长2厘米，犹如雌鱼身上长的肉瘤，可称得上是名副其实的"小女婿"，如果不仔细观察，根本想不到这会是另外一条鮟鱇。

鮟鱇的雄鱼不仅在体型上比雌鱼小得多，而且形象上也差别很大。雄鱼的脑袋上缺少那根鞭子似的长须，以致长期以来，科学家们都误将这种鱼的两性归为不同的种。

由于鮟鱇非常稀有，且又异地独居，因此想要找到伴侣是非常困难的。一旦找到合适的对象，雄鱼就会毫不犹豫地将牙齿咬进雌鱼身体的柔软部位，依附在雌鱼身上，合二为一。其所有维持生存的营养成分，都是从雌鱼的血液中获得的。这时，雄鱼就变成无需食物的"吸血鬼"。

剑　鱼

剑鱼也叫"箭鱼"，上颌长而尖锐，像一支向外突出的利剑，故而得名。剑鱼属硬骨鱼纲鲈目剑鱼科，是一科一属一种的大型洄游性鱼类，广泛分布于热带到寒带。由于它们常能保持比海水高的体温，所以能游到寒带生活。

剑鱼一般体长3~4米，重300~400千克。最大的体长达5米，重850千克。剑鱼的体型呈纺锤形，体表覆盖着一层光滑的鳞片，并且能分泌润滑体表的黏液。这种精巧流线型的体型，对剑鱼能够高速前进有着十分重要的作用。所以，剑鱼的游泳速度令人惊叹！能达到每小时110千米，相当于普通轮船速度的3~4倍，也是其他鱼类无法相比的，因此它们是鱼类中的"游泳高手"。

剑鱼的一生可以分为稚鱼期、幼鱼期、未成鱼期、成鱼期四个生长阶段。每个阶段的体型都有着不同的变化。

稚鱼期剑鱼的身长在10厘米以下，幼鱼摄食浮游生物及甲壳类，成鱼主要吃乌贼类和鲭鱼等。捕食时，剑鱼总是先用长长的上颌把小鱼打得无法动弹，然后才去摄食。它们会用上颌来搅乱其他鱼群的行动然后再进行捕食，这种方法非常有效。

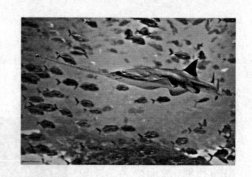

剑鱼的产卵区域包括赤道南北方的广阔海域。一条剑鱼产卵数约有400万个。

剑鱼是大洋水域上层凶猛的肉食性鱼类，在中国东海南部和南海都有分布。它们常常在高速前进中攻击鲸和鲨鱼这类庞然大物，有时也游进小型鱼群中横冲直撞。此外，它们还会攻击船舶，导致船受损或沉没。

据记载，有一次，一艘船从英国开往斯里兰卡，途中突然出现漏水情况。检查发现，原来是船底被剑鱼撞穿了一个直径约5厘米的洞。由于剑鱼以极高游速向船舶发起攻击，并给船舶带来损害，因而人们称它们为"活鱼雷"。

关于剑鱼攻击船舶有着不同的解释。有人说剑鱼之所以攻击船舶，是因为它们将船舶误认为鲸的缘故。有人则认为，因为剑鱼速度很快，看到船只时来不及避让，所以才会撞到船体上。也有人认为，剑鱼的"剑"绝不是作为武器而发达起来的，而是代表着一种高度的流线型，对于破浪前进有很大的帮助，这值得人们借鉴。

飞机设计师受到剑鱼的启发，也给飞机装上了一根"长剑"，这把剑刺破了高速飞行中产生的"音障"，使飞机的飞行速度进入超声速时代。

剑鱼攻击军舰

剑鱼是一种性情凶猛的大型鱼类，它们一旦被激怒，就会立刻群起而攻之，在海里疯狂地横冲直撞，就连虎鲸也要"退避三舍"，噬人鲨也要让它们三分。在海战史上，就有剑鱼无意间重创军舰的事件。

第二次世界大战期间，英国军舰"巴尔巴拉"号在大西洋上航行，意外遇到了一群穿梭于海洋中的剑鱼。乘风破浪的"巴尔巴拉"号尖尖的船头钻进了鱼群，剑鱼队形大乱，它们以为是来了敌人，便对这个庞然大物发起了猛烈进攻。

突然间，传来了震耳欲聋的声响，"巴尔巴拉"号底部的铁甲被这群攻击者弄了个大洞。顿时，汹涌的海水一个劲地往船舱里灌。接着，船身倾斜，并慢慢开始下沉。

船员们这才如梦初醒，急忙用抽水泵加紧向外抽水。经过全体船员全力以赴地抢救，"巴尔巴拉"号才幸免于难。但是，这艘军舰却丧失了参战的能力，不得不静静地卧在船坞里等待修理。

原来，剑鱼的游速特别快，最高时速可达100多千米，速度之快，远远超过了离弦之箭。正因为如此，它们的冲击力也非常大，再加上那柄锐利无比的长剑，同船舰相撞时，不但可以刺穿木船船底，就是军舰厚重的铁甲也不在话下。

鳗鱼

鳗鱼，可谓是家喻户晓的鱼类，常被称为"白鳝""风鳝"或"河鳗"，中国长江以南区域，如长江口、珠江口、闽江口等地均有分布。

鳗鱼是生长在江河湖塘里的淡水鱼，可这种淡水鱼却从不在它们生活的地方产卵、繁衍后代。每当繁殖期来临，鳗鱼就会成群结队地向海洋进发，不论路途如何艰险，都无法阻挡它们前进的脚步。在漫长的旅途中，它们甚至一点食物都不吃，直到游入大海。入海以后它们在哪里繁殖呢？这个神秘的身世之谜，长期以来一直困扰着科学家们。直到18世纪五六十年代，科学家们才慢慢揭开了鳗鱼生殖的奥秘。

原来生长在淡水中的鳗鱼要到5 000千米外的大海中生育，将卵产在深海的400米处。这种非凡的本领，在鱼类中是比较罕见的。鳗鱼在离开江湖河塘向海洋进发时，要攀登水坎、瀑布，甚至爬过潮湿的巨石、泥地。离开了水它们是怎样呼吸的呢？原来鳗鱼的皮肤很薄，上面布满了血管，在陆地爬行时，它们总是从有水的地方穿过，以保持皮肤的潮湿，而且它们也能设法让湿润的皮肤尽量不过早干燥。鳗鱼的体表能分泌黏液，可有效保持皮肤的湿润。鳗鱼的鳞片非常细小，离开了水，其皮肤就是第二呼吸器官，承担着重要的呼吸功能。

成熟的鳗鱼经过长途洄游之后，体力大大消耗，一旦雌雄双方排卵受精完毕，便双双与世长辞。破膜孵出带有卵黄囊的鳗鱼仔们，则像一片片飘落的柳叶随波逐流，由海洋深处游到海面摄食生长，鳗鱼的产卵量可高达700万~1 300万颗，但大部分会在自然环境中死亡，平均几百万粒卵才有1粒能存活下来。之后身体会慢慢发育，逐渐由叶状发育成细长形，长成无数透明的鱼苗，脊椎骨清晰可见，被称为"白仔鳗"。白仔鳗的毅力也相当顽强，纷纷从双亲来时的路返回，从海洋深处到海洋等，再游向沿海、河口。当白仔鳗抵达大陆沿海河口后便会潜伏在底层，在水温转暖、流速减缓时溯流而上。以后不断地生长，鳗鱼体背的色素会渐渐地加深变黑而成黑苗，称之为"黑仔鳗"，体型也开始近似成鳗了。到了淡水池塘、湖泊，鳗鱼便定居下来觅食成长，以后再重复双亲的生命历程，走向海洋深处繁衍后代。

　　每年鳗鱼由海洋游入河口的时期，人们就纷纷利用鳗鱼趋光的习性，夜间在河口处涨潮时，利用灯光来诱捕。被捕获的鳗鱼暂养2~3天，让它们逐渐适应淡水环境，随后再放到各地的鳗鱼养殖场，进行人工养殖。人们寄希望于人工孵化鳗鱼的成功。但这是一个很复杂的课题，直到如今，这项技术还在进一步地探索之中。科学家预言，一旦鳗鱼可以通过人工育苗孵化成幼鳗并饲养成功，那位研究者必获诺贝尔奖。由此可见，直到现在，鳗鱼还在扮演着一种传奇性鱼类的角色。

鲑

　　鲑属硬骨鱼纲鲱形目，是一种原产于北半球的洄游鱼，主要生活在太平洋和大西洋的北部，喜欢清澈的水域。虹鳟、姬鳟和大马哈鱼都是鲑的同类。

　　寒冷的北方是鲑的故乡，它们出生在河川的上游。冬天时卵会渐渐长出眼睛，然后孵化出带有卵黄囊的幼鱼，这时的幼鱼还没有口，所以只能从卵黄囊中摄取营养。

　　鲑渐渐成长到5~7厘米长时，卵黄囊消失，背部出现椭圆形的花纹，这是大部分鲑类共有的特征。此时，幼鱼就可以到海洋中生活了。它们和雪融化后汇成的水流一起向河川下游前进，流入大海。

　　流入大海的幼鱼靠吃海上的浮游生物和附着在海藻上的生物成长，退潮时它们会游向大海，涨潮时游向河口，并逐渐适应海洋里的生活。2岁大的幼鱼背部的椭圆形花纹消失，体色转为银白，开始向外洋游去，准备开始全新的生活。3~4岁时，生活在广阔大洋中的鲑就长成了1米左右的成鱼，主要以鲽鱼、鲱鱼、鳕鱼和乌贼为食。成年鲑的产卵期约在每年的9月份，它们会成群结队地向出生地游去，约有99%的鲑能十分容易地找到自己的出生地。这时成年雄性鲑的上下颌会弯曲，体表会出现红色的花纹。

来到自己出生的河川时，鲑会因为极度兴奋而吵闹不休，然后就发狂地逆流而上，途中不再吃东西，不管遇到什么障碍，它们也不会停下，哪怕是小瀑布或岩石，也是一跃而过，一直游到自己的出生地。在上溯河川的过程中，它们会遇到很多敌人，比如人类和熊。

到达出生地后，雌鲑就会用它们的尾鳍用力挖掘河底的沙砾，挖成大约20厘米深、1米长的坑。在挖坑的过程中，尾鳍会渐渐地磨损，直至消失。坑挖好后，雌鲑开始产卵，雄鲑则在卵上洒精液，一切完成后，雌鲑再用小沙粒细心地盖在卵上，以防流失。做完这一切，鲑的体重就只剩下洄游开始前的2/3了，而且大部分精疲力竭的雌鲑和雄鲑都会死去。即使是没有死去的鲑也不再回到海洋中，而是在河川终其一生。

鲑的习性中有一点最受人们关注，那就是它们回归的本能。它们从浩瀚的海洋中游回到自己出生的河川，然后溯游到出生地，这一切是怎么做到的？

对此有多种解释，其中以"嗅觉回归说"和"太阳指针说"最为有力。"嗅觉回归说"认为，鲑是凭着嗅觉的记忆找到河川的，它们对出生河川的味道一直存有记忆，到河口附近时，便可分辨出那种熟悉的味道而找到"家"。"太阳指针说"则认为，鲑是依照时刻和太阳的位置来给自己和河川定位的。

这其中又以"嗅觉回归说"最为科学界所认同。

虹 鳟

虹鳟是鲑的同类，因为有彩虹般美丽的花纹而得名。原产于美国。生活在水质清澈、有沙砾底的上、中游水域。主要以贝类、小鱼、水生昆虫、甲壳类为食。寿命一般为8~11年。

虹鳟幼鱼的体侧和鲑的幼鱼一样，长有椭圆形花纹，但当体长长到约15厘米时，椭圆形的花纹便会消失。

虹鳟和鲑不一样的地方是，它们不像鲑那样往往只产一次卵就死，而是可以连续数年产卵。

有的虹鳟一生都生活在淡水中，而有的则会向海中下降而生活。降海型的虹鳟叫作"钢头鳟"。它们春天溯流至河川产卵，然后再回到海中，能活6~7年。

翻车鱼

翻车鱼，学名"翻车"，体高而侧扁，就像被削掉了一半，全身只有前半部，看不见鱼尾。头和眼睛都很小，眼位于身体的上侧位，吻圆钝。生有背鳍，呈尖刀状，另有较大的臀鳍与背鳍相对，在身体后端相连，形成"舵鳍"，边缘呈曲线状。没有腹鳍和尾鳍，胸鳍也较短小。身体背侧为灰褐色，腹侧为银白色，鳍多为灰褐色。

研究发现，这种鱼在胚胎期与其他鱼种并无异样，只是在成长过程中逐渐变成这副怪模样的。翻车鱼的个体较大，最大者体长可达3~5米，体重可达1.5~3.5吨。有趣的是，这么大的鱼，却长着樱桃般的小嘴，看起来很不相称。不过，它们凭着这张小嘴却能摄食养活自己巨大的身躯。它们食性很杂，既食鱼类和海藻，也摄食软体动物和浮游甲壳类。它们多栖息在热带、亚热带海洋。

翻车鱼的游动速度大多较快，但游泳能力却不强，仅仅依赖两片特长的背鳍和臀鳍的摆动来控制方向，缓慢前进或随波漂流。

它们还有个奇怪的特性，当天气好时，便会将背鳍露出水面作风帆，随风向漂浮，并在海面上晒太阳；但当天气变坏时，便会侧身平浮于水面，用背鳍和臀鳍划水游动。

翻车鱼性情温顺，因而经常受到虎鲸或海狮的袭击。入夏时节，当大量年幼的

翻车鱼随着温暖的洋流进入食物充足的墨西哥蒙特雷湾时，海狮经常会袭击它们。

海狮常常撕咬翻车鱼的背鳍和胸鳍，并在水面上攻击它们。如果海狮撕不开翻车鱼厚而硬的皮，它们便会把失去活动能力的翻车鱼像玩飞盘一样抛向水面，使之成为海鸥的美餐。

翻车鱼虽然数量不多，但却是鱼类中的产卵冠军。一般鱼类产卵几百万粒就算是比较多了，而一只翻车鱼一次却能产卵达3亿粒。不过，由于翻车鱼所产的卵是浮性卵，易被别的鱼类吞食，所以尽管产的卵很多，但能真正存活下来的数量却很少，因而捕到翻车鱼是一件很难的事。

为什么动物产卵有多有少？一只翻车鱼产出3亿粒卵，如果都孵化成鱼，岂不会充塞海洋、泛滥成灾吗？这确实是一个很有趣的问题。原来，一种动物产卵的多少并非由其"意愿"决定。在生物进化的历史长河中，只有那些能够在复杂多变的自然环境中保持后代有一定成活率的物类，才能不被大自然淘汰，从而繁衍至今。它们有的像翻车鱼一样会产很多卵，但它们产卵后就会任卵在自然条件下孵化成长。如此众多的卵或幼小的动物没有保护地散布在大自然中。经过一场暴风骤雨，一阵汹涌的波涛或者是酷暑严寒的袭击之后，它们中的一部分便会成为大自然的牺牲品，还有的则成了那些肉食性鱼、蛙、鸟、兽、蜥蜴的美味佳肴，最后能够成年的寥寥无几。所以，虽然翻车鱼产卵多达3亿粒，可是活下来的概率只有百万分之一，这就不难理解它们为什么永远也不会充塞海洋了。

海鳗

海鳗主要分布于印度洋和太平洋，在中国沿海也均有分布。体长一般为0.5~1.5米，大的可达2米。身体细长，躯干部近圆筒状，尾部较侧扁，无鳞。口大，上下颌延长，牙齿尖锐强硬。背鳍、臀鳍、尾鳍相连，胸鳍发达。

海鳗生活在暖水水域的底层，通常栖息在水深为

50~80米的泥沙底部海区，有季节性洄游的习惯。它们性情凶猛，贪食，主要以鱼类和无脊椎动物等为食。晴天，风平浪静，海水透明度大时，它们多栖居在洞穴内，取食活动也相对较少；每当风浪大、水质浑浊时，它们则四处觅食，尤以日落黄昏至凌晨时活跃。

大多数鱼类捕获猎物的方法是：张开嘴，将猎物吸进来，然后用咽部的骨骼处理它们。但是海鳗的捕食方法跟这些鱼类不同，并且相当独特。当海鳗捕食时，会以闪电般的速度接近猎物，然后用前端有牙的下颌将猎物夹住。几乎同时，隐藏在咽喉后部的具有攻击性的内颌就会跳出来，扑向猎物，然后将其拖入腹中。

海鳗的产卵期一般在每年的3~7月，产卵量约18万~120万粒，产卵地点多在泥沙较多的海域。海鳗科中，以海鳗数量最多、产量最大，其肉质细嫩，含脂肪量高，鳔可作鱼肚，为名贵食品。除鲜销外，还可制成各种罐头或加工成鳗鱼鲞，这些都是畅销食品。所以，海鳗的食用价值及经济价值都很高。

金枪鱼

"飞毛腿"是民间对"日行千里、夜走八百"的奇人的称谓。其实海洋中也有"飞毛腿",那就是金枪鱼。

金枪鱼是大洋性鱼类,广泛分布于世界各大洋的热带、亚热带和温带水域,盛产金枪鱼的国家多达60余个,它已成为一种世界性的渔业资源。

金枪鱼的个体大、骨刺少,每条一般重几十千克到上百千克,最大型的金枪鱼体长超过3米,体重可达500~700千克,身体呈纺锤形,骨刺极少,除了头部和中间的脊椎骨外几乎都是肉。我们中国人吃鱼,往往喜欢整条鱼清蒸或红烧。在欧美就不同了,那里的人们并不吃鱼刺和鱼头,喜欢去头去尾去内脏,只留纯鱼肉,这样金枪鱼就成了他们的理想食品。

金枪鱼的营养相当丰富。它们的蛋白质含量比牛肉还高,维生素含量也相当丰富,还具有壮阳补肾的作用。

人们是如何捕捞金枪鱼的呢?常见的海洋鱼类,大多栖息在海洋底层,人们常用拖网等工具来捕捞。市场上出售的黄鱼常有鱼鳔含在嘴边的情况。这是

由于海底与海面的压力差造成的。可金枪鱼栖息在海洋的中上层，而且游速很快，时速可达36千米，而一般拖网的时速却只有3~5千米，这样，人们无论如何是捕不到金枪鱼的。于是人们常采用钓的方法。

　　在鱼群密集之处，一艘艘才几十吨至近百吨的小渔轮，用探鱼仪测出鱼群后，几个熟练的渔民随即把事先准备好的沙丁鱼、鱿鱼等小鱼撒向海面，紧接着十几个喷水筒或者用水泵向船舷外的海面频频喷水，密密的水点会激起细碎的波纹，波纹与小鱼混在一起，贪吃的金枪鱼马上就会密集起来。金枪鱼的视力特别好，有时候渔民从船上投下不过3~4厘米长的小鱼，它们就会马上发现并追赶捕食，渔民正是根据金枪鱼的这一特性进行捕捞的。此时渔民在船舷旁一字排开，稳坐钓鱼"台"，过了多久，一条条几千克的小型金枪鱼就会随竿而上。有时为了捕钓上百千克的金枪鱼，还需把钓钩同时用两三根线连在一起，与两三根钓竿相连，鱼一咬钩，两三个人同时用力，一条上百千克的金枪鱼就无法逃脱了，这在渔业上被称为"竿钓作业"。这种方法与人们在公园里垂钓是一样的。

　　还有一种钓法叫作"延绳钓"，你见过人们在公园垂钓时用的鱼竿吧，一根长长的鱼竿，顶端连着一根线，线下挂着一个钩子，钩上串好饵料就可以放入水中钓

鱼了。延绳钓同一般垂钓类似，一根母线就好像竹竿一样，母线下面连着好多支线，支线下面挂着鱼钩，就好像一根鱼竿下面悬挂着许多鱼钩一样，不过延绳钓的规模要大得多了，最长的可达100~120千米，一般的也有几十千米长。"放钓"时，一边放钓一边在钩上放上鲜活或冷冻的小鱼作为饵料，有时也用贝壳、羽毛等作为"模拟饵料"。几小时的"放钓"完毕，就好像在海上布起了一道围墙一样。过一段时间，渔民开始"收钓"，钓上来的除金枪鱼之外，还有鲨鱼、旗鱼等大型鱼类，这时一场人与鱼的搏斗便上演了。过去渔民们会事先备好斧、刀等工具，以备不时之需。现在渔民们采用"脉冲发生器"控制钓钩的带电情况，使鱼上钩后，触电而死。也有的渔民采用电标枪，1~2人在船舷旁，利用电标枪控制电路，点击鱼体头部，数分钟即可击毙凶猛的大型鱼类。延绳钓作业，是一种大型作业方式，也是一套专门的捕捞技术。

有些发达国家已开始使用围网来捕捞金枪鱼。围网，顾名思义就是发现鱼群后，迅速用渔网在四面形成包围圈，然后将其一网打尽。围网必须有高超的鱼群侦察技术，除了船用探鱼仪、遥测声呐外，还必须在空中配以飞机，甚至卫星侦察。到时，空中飞机、船用探鱼仪密切配合，数架飞机与整个船队协同，就好像一场密切配合的海空战一样，热闹非凡。

躄鱼

躄鱼主要产于西太平洋，北起中国、日本，南至澳大利亚，在大西洋西侧的分布比东侧多。中国有5种躄鱼，分别是毛躄鱼、黑躄鱼、三齿躄鱼、驼背躄鱼、钱斑躄鱼。躄鱼体长约10厘米，身体侧扁，腹部突出。身体表面覆盖着细绒毛状小棘，看上去非常粗糙。头大，位于臂状胸鳍基部的下方鳃孔小。背鳍第一鳍棘顶端为一球状穗，形成吻触手，第二鳍棘后方的额上有凹窝。臀鳍鳍条有7根。鱼体及各鳍具不规则的深色斜纹。

躄鱼属暖水性底层鱼类，生活在热带的珊瑚礁或海藻繁茂的海底。体型和颜色会随着周围环境的改变而改变，很难辨认。身体的前端有饵样的皮肤，常呈"8"字形摇动，以此来引诱猎物上钩，然后再将其一口吞下。躄鱼不大会游泳，通常使用胸鳍和腹鳍行走，样子很像蛙。

躄鱼的头上长有一根"钓竿"，"钓竿"的尖端呈羽毛状，其实这是由背鳍的一部分演化而成的。人们用钓竿钓鱼，可是躄鱼也用"钓竿"来

钓其他的鱼，可见自然界的奇妙。躄鱼不停地挥动其"钓竿"，吸引小鱼靠近。小鱼以为是好吃的食物，当它们一旦靠近，就被躄鱼的大嘴巴吸到肚子里去了。整个捕食过程只有0.05秒的时间，可见躄鱼的速度之快！躄鱼的胃富有弹性，能扩张，哪怕是遇到体型较大的鱼，也能把它装进去。

躄鱼在遇到敌害时，其腹部就会充满空气从而全身漂浮于水面。躄鱼中的个别种类会随洋流到达高纬度海域。

大马哈鱼

　　大马哈鱼又叫"鲑鳟鱼",是一种冷水性鱼类。它们在水温较低的北太平洋鄂霍次克海域生长、发育。为了繁殖后代,每年的9~10月,生活在北太平洋的大马哈鱼,都要由鄂霍次克海经萨哈林岛、鞑靼海峡成群结队,溯黑龙江而上到淡水流域中产卵。它们日夜兼程,不辞劳苦,每昼夜前行30~35千米。不管是遇到浅滩峡谷还是急流瀑布,大马哈鱼从不退却,冲过重重阻隔,越过层层障碍,直至游到目的地,然后找到合适的产卵场所,繁衍后代。

　　说来奇怪,生活在海洋里的大马哈鱼,为什么不在海洋里产卵,而要千里迢迢地跑到黑龙江的淡水中产卵呢?

　　原来,大马哈鱼是一种具有溯河产卵洄游习性的鱼类,它们的祖先原本生活在寒冷地区的河流里,后来由于那里的食物日益稀少,日子越来越艰难,只能"背井离乡",游到食物丰富的海洋里。在那里它们吃得饱饱的,身体长得壮壮的。但是,尽管海洋里的生活舒适安逸,它们却依然思念故乡,大马哈鱼在海洋中生活4~5年后,便达到性成熟。此时的它们,思乡之情达到顶峰。于是,无数大马哈鱼成群结队、浩浩荡荡地向故乡挺进,踏上了归乡之旅。

　　大马哈鱼在长途跋涉的过程中不吃东西,依靠平时体内储存的营养物质维持生命。旅途遥远,再加上忍饥挨饿和生殖期间体力的大量消耗,亲鱼大多瘦弱且伤

病缠身。因此，完成繁衍后代的任务不久，雌鱼由于过度疲劳，还来不及看到自己的小宝宝出世，就撒手而去了。而雄鱼也会因不断地为求偶战斗，精力也已消耗殆尽，不久也会死去。所以生儿育女这件幸福的事情，对大马哈鱼来说，却意味着生命的终结。

大马哈鱼的卵比一般的鱼卵大得多，黄灿灿的有玉米粒那么大，光亮透明，宛如琥珀。卵的外皮又厚又坚韧，用手使劲捏也不会破。受精卵约经过两个月，就能孵化出大马哈鱼仔鱼。它们潜伏在石砾间的黑暗处，到第二年的四月，当长至50厘米左右时，便开始陆续降河下海。它们先在沿海逗留一段时间，然后再向外海迁移，等达到性成熟后再返回出生地繁衍后代。

为什么大马哈鱼不但能准确无误地找到江河、支流，还能毫无差错地到达它们出生的那条小溪？科学家们还在进一步探索中，有的学者认为大马哈鱼是用嗅觉来确认回家的路。他们认为在每个产卵场都有大马哈鱼熟悉的气味，大马哈鱼是沿着它们出生地的气味溯河上游的。有的学者认为大马哈鱼是用眼睛来确定回家之路的。大马哈鱼能根据太阳在天空中的位置，辨别自己所在的位置，从而确定洄游的方向。还有的学者认为是磁场的感应所致，因为他们在实验中发现，如果改变大马哈鱼周围的磁场，大马哈鱼便会根据磁场的变化改变洄游的方向。

但是，这三种观点都各有其难以解释的疑点。出生地的气味会随着水流的不断冲刷而被冲淡；在阴天或多雨的时候，天空中很难看到太阳；在大马哈鱼的身体内人们至今仍未发现有磁微粒，又如何能发生磁场效应？所以，大马哈鱼的这一神奇习性还有待科学家们进一步探索。

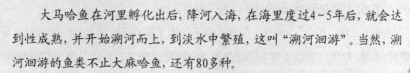

河里生、海里长的鱼

有些鱼是河里生、海里长，也就是在淡水中孵化以后，又游到海里觅食，其中最典型的就是大马哈鱼。世界上盛产大马哈鱼的国家主要有中国、俄罗斯、加拿大、美国和日本。

大马哈鱼在河里孵化出后，降河入海，在海里度过4~5年后，就会达到性成熟，并开始溯河而上，到淡水中繁殖，这叫"溯河洄游"。当然，溯河洄游的鱼类不止大麻哈鱼，还有80多种。

绵鳚

　　渔网有了小破洞不容易被发现，但渔民却并不担心，因为有一种名叫"绵鳚"的鱼，它们会主动把渔网上的破洞"补"起来。

　　绵鳚，又称"粘鱼"，头大，全身为褐色，体呈圆棒形，体长10~30厘米，身上没有鳞片，体表光滑。绵鳚主要栖息在40~60米深的海底，主要以海底泥沙中的有机物质或藻类为食。每年的秋、冬季节，绵鳚由于受水温影响，会成群结队地游到深水处，然后匍匐在海底。因为它们不善游动，因此每网的捕捞量比较固定，又被称为"死鱼"。

　　这种被称为"死鱼"的绵鳚，一旦落入渔网也并不甘心束手就擒。不过，它们在挣扎、逃窜时所采取的措施是很奇特的。刚开始，绵鳚仿佛麻木不仁，跟其他鱼虾一样被拖入网中。当网里的鱼虾越来越多、拥挤不堪时，绵鳚就会忽然感到情况不妙，便开始使劲向外挣扎，结果被网片拦住。但绵鳚不死心，又把细长的尾巴伸进网扣里，凭借着光滑的身体，拼命向网外挣脱。可是绵鳚的头很大，身体出去了，但头部却最终被网扣勒紧。这时，处于困境的绵鳚仍不罢休，又将露在网外的尾巴伸进另一个网扣，企图利用尾巴的力量将头部挣脱出来，结果当然又失败了。当它们将尾巴第三次蜷缩起

来，勾住第三个网扣时，已经精疲力竭了。几乎所有的绵鳚都使用这种方法逃脱，就这样，它们用尾巴你缠我、我绕你，相互紧紧地交织在一起，于是，那些破了洞的网就被它们"补"得严严实实了。

南极鳕鱼

鳕鱼通常是指鳕形目鱼类，是海洋世界中的大家族，已知的约有500余种，是海洋渔业的主要捕捞对象。

南极鳕鱼是世界上最不怕冷的鱼，因为在南极寒冷的冰水中，它们能够冻而不僵。

南极鳕鱼生活在南大洋比较寒冷的海域，甚至在位于南纬82°的罗斯冰架附近都有它们的踪迹。南极鳕鱼体型粗短，体长40厘米左右，体表呈银灰色，并略带黑褐色斑点，头大，嘴圆，唇厚，血液为灰白色，没有血红蛋白。

南极鳕鱼的独特生理功能是抗低温能力强，因此南极鳕鱼除作为重要的渔业资源而进行商业性开发外，其抗冻能力也备受重视。

鱼类生理学的研究结果表明，一般鱼类在-1℃时就会被冻成"冰棒"。但南极鳕鱼却能在-1.87℃的温度下自由自在地生活。这是为什么呢？

原来，在南极鳕鱼的血液中有一种特殊的生物化学物质，叫作"糖肌"，也叫"抗冻蛋白"，就是它在起作用。

抗冻蛋白之所以具有抗冻作用，是因为其分子具有扩展的性质，其结构的表面有一块极易与水或冰相互作用的区域，从而能降低水的冰点，防止南极鳕鱼体液冻结。

刺 鲀

自然环境中的生存法则是相当残酷的，也是相当现实的。生活在河流及海洋中的鱼儿，也许此刻正在水中悠闲地觅食、嬉戏，但下一刻便有可能成为别人口中的美食。大自然的残酷迫使它们练就了各种避敌的高招。有的巨大，比如鲸，其他鱼类都避之不及；有的长得十分小巧，可以迅速钻进礁石缝中，让捕食者抓不着；刺鲀却演化出另一种厉害的自卫武器：长满全身的棘刺。

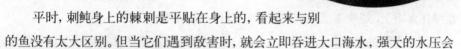

平时，刺鲀身上的棘刺是平贴在身上的，看起来与别的鱼没有太大区别。但当它们遇到敌害时，就会立即吞进大口海水，强大的水压会使它们全身胀大至原先的2~3倍，身上隐藏着的棘刺也会马上竖立起来，形成一个大刺球，让敌人无法下口。体型比它们稍大的鱼看见将要到口的食物比自己还大，不落荒而逃才怪呢！

当人们从海里捞起一条刺鲀时，由于它来不及吞进海水，就会吞进大量空气，迫使身体胀大，浑身棘刺倒竖。只有当它觉得警报解除后，才会恢复到平时的样子。

河 豚

河豚广泛分布于世界各地，约有100多种，中国至少有15种。河豚头圆口小，背部为黑褐色，腹部为白色。体型大的长达1米，重10千克左右。眼睛平时是蓝绿色的，还可以随着光线的变化自动变色。身上的骨头不多，而且背鳍和腹鳍都很软。每到繁殖期，它们就会从大海游向江河湖泊。因此，人们在江河湖海中都能捉到河豚。

河豚有时会膨胀得像只气球，漂浮在水面上，随波逐流。为什么它们的身体会膨胀呢？

河豚身体的膨胀与其身体结构分不开。河豚肠道前端的食道是一个富有弹性的大袋子，可以充气胀大，而它们腹部的皮肤又很松弛，能随食道的扩张而胀大。当河豚遇到敌害时，就会尽快冲向水面，张嘴吸进大量空气，空气便会迅速进入食道。这样，河豚的身体就会膨胀起来，像气球一样。胀大的河豚会漂浮在水面上，从而有效躲避敌害。

河豚大都是热带海鱼，只有少数几种生活在淡水中。它们的身体短而肥厚，体表生有毛发状的小刺。坚韧而厚实的河豚皮曾被人类用来制作头盔。河豚上下颌的牙齿都是连接在一起的，好像一块锋利的刀片，这使河豚能够轻易地咬碎珊瑚的外壳。河豚的游动速度很慢，只能利用短小的左右摇摆的背鳍和尾鳍划水。

河豚的许多内部器官都含有一种能置人于死地的神经性毒素。其中，毒性最强的部分是卵巢、肝脏，其次是眼、鳃、肾脏、血液和皮肤，它们的肉中并不含毒素。河豚毒性的大小，与其生殖周期也有关系。处于怀卵期的河豚毒性最大，这种毒素能使人呕吐、神经麻痹、四肢发冷，甚至导致心跳和呼吸停止。国内外都有关于食客吃河豚丧命的报道。虽然品尝河豚要冒生命危险，但是由于河豚肉味道十分鲜美，还是有很多人甘愿冒风险也要尝一尝河豚肉。自古就有

"食得一口河豚肉，从此不闻天下鱼"的说法。河豚的制作过程要求相当严格。世界上最盛行吃河豚的国家是日本。日本各大城市的饭店中都有河豚这道菜。每条河豚的加工去毒需要经过30道工序，厨师要经过两年严格的专业培训。毕业考试时，厨师还要品尝自己烹饪的河豚。

吃河豚时千万要小心谨慎，切莫粗心大意。因为此鱼有剧毒，食用前，必须请有经验的厨师将鱼腹内脏拣清、洗净，然后用油煮煎，再放入佐料反复烧煮，要烧得肉烂皮酥，才能食用。为防止中毒，最好在吃鱼前烧煮一锅"芦根汤"以备解毒之用。总之，食用河豚时必须特别小心，以防中毒。

与蛇毒、蜂毒和其他毒素一样，河豚毒素也有其有益的一面。从河豚肝脏中分离的提取物对多种肿瘤有抑制作用，现已广泛应用于临床。

大黄鱼和小黄鱼

大黄鱼和小黄鱼都是中国名贵的传统经济鱼类。它们的形态、习性都非常相似，因背部为褐色、腹部为金黄色，通称为"黄花鱼"。大、小黄鱼的鱼鳔都能发出巨大的响声。尤其是大黄鱼，每年在"立夏"前后的产卵季节，雄鱼会发出"咯咯"、雌鱼会发出"哼哼"的响声，声音之大，在鱼类中很少见。在夜深人静的海面上，渔民们经常可以清晰地听到这种来自大海深处的声音。这种发声一般被认为是鱼群用以联络的手段，在生殖时期则是鱼群集合的信号。明代的《渔书》记载："每年四月，自海洋绵亘数里，其声如雷，海人以竹筒探水底，闻其声，乃下网截流取之。"

大黄鱼又称"大黄花"，体长而侧扁，尾部较细长，尾柄长为尾柄高的3倍多。肉质细嫩鲜美、蛋白质含量高、胆固醇含量低，可治疗贫血、滋补身体。大黄鱼也因此成为海水鱼类中的极品，历来是宴席上的珍馐佳肴，有"琐碎金鳞软玉膏"的美誉。大黄鱼的鱼鳔是有名的"海八珍"之一——鱼肚，自古以来就是强身健体、美容养颜的滋补佳品。鱼头中的耳石可以入药，有清热祛瘀、通淋利尿的功效。

小黄鱼又称"小黄花"，体型比大黄鱼稍小，鳞片较大，尾柄较短，尾柄长为尾柄高的2倍多。小黄鱼虽个体较小，味道却非常鲜美，富含各种活性营养成分，是婴幼儿及病后体虚者的滋补和食疗佳品。

石斑鱼

石斑鱼俗称"石斑""绘鱼""过鱼"。石斑鱼具有肉质鲜嫩、营养丰富、色泽艳丽等特点，有广阔的市场前景，在中国港澳地区还被视为吉祥之物。中国常见的养殖品种有赤点石斑鱼、鲑点石斑鱼、青石斑鱼和网纹石斑鱼。这四种石斑鱼在华南、华东沿海都较常见，其他如高体石斑鱼、蜂巢石斑鱼、云纹石斑鱼、黑边石斑鱼等30余个品种也有捕捞记录。

在诸多的海水鱼中，石斑鱼的养殖品种最多、养殖范围最广、养殖产量最大，而且其适应性强、生长较快、市场价格较高。目前，石斑鱼养殖有网箱、筑堤和池养三种形式。石斑鱼已成为中国南方海水网箱养鱼的重要品种之一。养殖苗种大部分来自天然海区捕捞的小规格鱼种。近几年，青石斑鱼已开始大规模的人工育苗，为石斑鱼大量养殖开辟了广阔前景。

石斑鱼体呈椭圆形，侧扁而粗壮。头大，吻短而钝圆。口大，上、下两颌侧齿尖细，可向内倒伏。身体表面覆盖有细小的栉鳞。背鳍强大，尾鳍呈截形、圆形或凹形。体色

可随环境变化而变化。成鱼体长通常为20~30厘米。

中国常见的四种养殖石斑鱼特征如下：

赤点石斑鱼尾鳍呈圆形，体侧及奇鳍具有橙黄色斑纹，仅背鳍底部有一块大黑斑。

鲑点石斑鱼的头、体和背鳍、臀鳍、尾鳍上散布有黑色的圆斑，背鳍基和尾柄上有三个大黑斑。

青石斑鱼尾鳍呈圆形，体表没有黑色斑点，体侧有6条横带，各带不中断。

网纹石斑鱼尾鳍近截形，体侧和鳍上分布有小于瞳孔的六角形斑点。

赤点石斑鱼、云纹石斑鱼和青石斑鱼因身体呈青褐色，故又称"青斑"，福建省产量较多。

石斑鱼广泛分布于印度洋和太平洋的热带、亚热带海域，约有100余种。分布在中国海区的约有36种，以南海最多，约35种，东海10余种，黄海仅1种。

石斑鱼为近海暖水性底栖鱼类，一般生活在水深40~50米的海域。多栖息在沿岸岛屿附近的岩礁地带、海底洞穴及珊瑚礁水域。一般不结成大群，活动范围较小，不作长距离洄游，但栖息的水层会随水温的变化而升降。春夏两季栖息于近岸水域水深10~30米处，盛夏季节也会在水深2~3米处出现；秋冬两季当水温下降时，会向较深的水域移动。白天上游，夜间下沉。

石斑鱼属凶猛的肉食性鱼类，通常以突袭的方式捕食底栖甲壳类、各种小型鱼类和头足类，但在营养条件恶劣时，它们也会以石莼等藻类为食。风平浪静时，常在其洞穴附近觅食，一遇大风大浪就会钻进洞内。

不同种类的石斑鱼，生长速度也不一样。但从总体上看，它们的生长速度很快。外部环境的温度、盐度及饵料对石斑鱼的生长都有显著的影响。此外，石斑鱼的生长还具有明显的阶段性特

征，其生长时间与体长或体重的关系近似"S"形曲线，即在鱼苗和幼鱼期生长较慢，随后为快速生长阶段，以后又缓慢生长。因此，在人工养殖中，要充分利用快速生长阶段，强化养殖，然后适时捕捞上市，以获得最大的经济效益。

石斑鱼属雌雄同体、雌性先成熟型的鱼类。在石斑鱼的性腺发育过程中，卵巢会先发育成熟，即先出现雌性鱼，继之成为精、卵巢并存的雌雄同体鱼，最后才演变为雄鱼。

石斑鱼是分批多次产卵的鱼种。在非繁殖季节，仅从外观上很难辨别石斑鱼的性别。在繁殖季节，雌鱼的腹部会膨胀且泄殖孔突出，呈深红色，这是一个重要特征。繁殖季节因种类和分布海区的不同而有差异，4—10月均有性成熟个体出现。

雌鱼每次产卵一般为20万~70万粒。产出的卵呈球形，属端黄卵，浮在水面。受精卵在温度达到25℃~27℃时，约经23~25小时就能孵出仔鱼。刚出膜的仔鱼体长1.5~1.6毫米，三天后开始摄食，50天左右鳞片便会生长完整，即进入幼鱼期，幼鱼在沿岸索饵生长。

据报道，赤点石斑鱼的寿命为8~10年，而红斑石斑鱼的寿命可达30~50年。

鼎足鱼

在2000米左右的深海海底，科学家乘坐深海潜艇进行考察时，发现了一种怪鱼。这种鱼的"三条腿"以三足鼎立的姿势站在海底，所以人们将其称为"鼎足鱼"。

鼎足鱼的三

条"腿"，是由一对胸鳍和一个尾鳍发展而来的。这三条腿，细长坚韧，既是鼎足鱼的运动器官，也是它们的感觉器官，有许多感觉神经末梢分布在这三根细长的鳍上。

鼎足鱼终生生活在深海海底，世世代代的黑暗环境使它们不需要用眼睛去看，所以为了探索外界环境，寻找食物，鼎足鱼就会发展它们的鳍。这三条腿可以用来爬行、跳跃、发现敌害、搜寻食物，既代替了手臂，也代替了眼睛。

鼎足鱼浑身披着素装，这和它们终年不见阳光有关。这种白色的身体，一点也不奇怪，因为生活在深海里的鱼类大多都是这样的肤色。

八 目 鳗

一般来说，鱼只有两只眼睛。可是，八目鳗的身体两侧却各长有8个小孔，以前人们以为这就是它们的眼睛，加上它们的身体是鳗形的，所以就称其为"八目鳗"。后来人们才发现，原来它们身体每侧的8个小孔中，有7个是它们的鳃，只有一个才是真正的眼睛，于是人们便将它们改称为"七鳃鳗"。

七鳃鳗的种类很多，大多数都生活在海里，也有少数生活在淡水中，如中国的松花江、黑龙江流域就有分布。成年七鳃鳗的体长约为40厘米，也有的体长超过1米。七鳃鳗不喜欢光线太强的水域，而喜欢生活在黑暗的环境中。它们是靠寄生在其他鱼体身上来获取营养、维持生命的。但它们不是钻进鱼的肚子里，而是用漏斗状的口吸附在大鱼身上，用舌上的齿锉破鱼体，撕裂、吮吸寄主的肉和血。它们的口腔腺能分泌一种黏液，这种黏液能防止寄主的血液凝固。这样，它们就可以慢慢榨干寄主的血肉。所以，七鳃鳗对其他鱼类的危害是很大的，素有"海狼"之称。不过七鳃鳗可供人类食用，其体内含有大量的维生素A，能滋补身体、增强体魄。

胖婴鱼

世界上最小的鱼仅长7毫米左右，体重1毫克，100万条才能凑足1千克，堪称脊椎动物中当之无愧的"小字辈"。这种鱼虽然是世界上身材最小、体重最轻的，但名字很有趣，叫"胖婴鱼"。

　　胖婴鱼身体细长，看起来和小虫子大小差不多。胖婴鱼成熟期为1个月，无鳞，无鳍，无齿。身体除眼睛外没有色素沉着，全身透明。雌鱼在2～4周达到性成熟，并开始产卵。胖婴鱼的寿命在两个月左右。

小知识

最小的脊椎动物

　　科学家早在1979年就采集到了胖婴鱼的标本，但直到现在才正式把它们划定为一个新的种类。澳大利亚博物馆共采集到6个标本，都是从大堡礁北部的一个潟湖附近找到的。研究人员已将这种鱼作为最小的脊椎动物申报吉尼斯纪录。

虾虎鱼

在胖婴鱼被发现以前，虾虎鱼曾是人类发现的最小的鱼。

虾虎鱼在世界范围内都有分布，尤以热带地区分布最多，大约有800多种。它们主要栖息在海水中，是一类体型很小的肉食性鱼类。

虾虎鱼身体细长，有两条脊鳍。第一条脊鳍有几根细微的脊骨，头部和两侧有一系列微小的感觉器官，尾巴呈圆

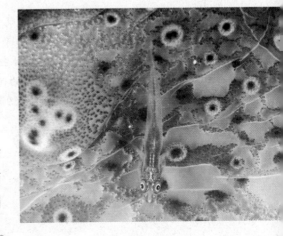

形。

虾虎鱼身上一般都有比较明亮的色彩。有些种类，如欧洲的水晶虾虎鱼身体则完全透明。多数成年虾虎鱼的身长约为10厘米，但分布在菲律宾的一种虾虎鱼的身长却只有13毫米左右。

东太平洋海域的刺虾虎鱼，栖息在沙土的洞穴或者泥泞中。加利福尼亚的一种粉红色的小盲虾虎鱼，就住在某些虾类动物挖掘的洞

里。还有一种带有鲜明的蓝色环，产于加勒比海的小虾虎鱼，也喜欢和其他动物同巢共穴。它们往往会充当"清洁工"，负责把其他大鱼身上的寄生物吃干净。

小知识

寿命最短的鱼

小虾虎鱼孵出后，很快就会变成幼鱼，然后在广阔的大海里游动，最后找到一座可以定居的珊瑚礁，然后就在那里生殖、繁衍，度过一生。雌性虾虎鱼出生25天后就可以产卵，每次大约能产下400个卵，而雄性虾虎鱼的工作则是时刻保护这些易受攻击的卵。虾虎鱼的寿命最长只有59天。所以虾虎鱼是寿命最短的鱼。

观赏鱼，顾名思义就是指有观赏价值的鱼类，它们有的以色彩绚丽而著称，有的以形状怪异而称奇，有的则以稀少名贵而闻名。提起观赏鱼，很多人会联想到家中鱼缸里的金鱼、锦鲤等。不过，这里说的观赏鱼不光指金鱼、锦鲤，它们的家族大得很，目前已知的多达数千种。

在中国，观赏鱼的饲养始于唐代。南宋时就已经开始在宫廷中饲养金鲫鱼以供玩赏了。到了明朝万历年间，张德谦编写了世界上第一本观赏鱼养殖的专著——《朱砂鱼谱》，详细介绍了金鱼的饲养技巧和经验。明朝时，金鱼传入日本和欧洲，之后慢慢在世界各地广泛养殖。

近代以来，随着人们生活情趣的提高，养殖观赏鱼的种类也越来越多。它们通常由三大品系组成，即温带淡水观赏鱼、热带淡水观赏鱼和热带海水观赏鱼。温带淡水观赏鱼主要有中国金鱼、日本锦鲤等。中国金鱼的鼻祖是野生红鲫鱼，最初见于北宋初年浙江嘉兴的放生池中，经过数代民间艺人的精心选育，逐渐发展成为今天形态各异的数十个品种。日本锦鲤的原始品种为红色鲤鱼，早期也是由中国传入的，经过精心饲养，逐渐成为今天闻名世界的观赏鱼之一。热带淡水观赏鱼主要来自热带和亚热带地区的河流、湖泊中，它们品种繁多，体型、特性各异，颜色五彩斑斓，非常美丽，较著名的品种有灯类、龙鱼、神仙鱼等三大系列。热带海水观赏鱼现在是观赏鱼市场上的宠儿，它们主要来自太平洋、印度洋中的珊瑚礁水域，大多体型怪异、色彩绚丽，具有一种原始古朴神秘的自然美。在广阔无垠、人迹罕至的海洋中，还有许多尚未被人类发现的观赏鱼品种。

金　鱼

金鱼属鲤科鱼类，是野生鲫鱼的彩色变种。野生鲫鱼的体色为银灰色，背面较深，腹面较浅，身体呈纺锤形，流线型的双侧使其能在水中快速游动。然而，经人工培育后，鱼体逐渐变成短圆形，垂直而坚挺的尾鳍逐渐变成渐长、倾斜面的双尾。所以今天我们看到的金鱼，与其祖先在外形上是有很大区别的。

中国是金鱼的故乡。早在晋朝

时，史书上就有红色鲫鱼的观赏记录。繁衍至今，人们又培育出许多怪异、奇特、逗趣的品种。

美丽的金鱼依头部、身体、尾鳍以及有无背鳍等特征被划分为五大品系，分别是龙种金鱼、龙背种金鱼、文种金鱼、草种金鱼和蛋种金鱼。

龙种金鱼又名"龙眼""龙睛""凸眼"等，外形与文种金鱼相似，不同之处是龙种金鱼的眼球突出于眼眶外。自古以来人们就视龙种金鱼为正宗，有50多个品种，名贵品种有凤尾龙睛、喜鹊龙睛、玛瑙眼、黑龙睛、葡萄眼、灯泡眼等。

龙背种金鱼为新近分出的品种，外形与蛋种金鱼相似，不同之处是龙背种金鱼眼球突出于眼眶外，名贵品种有朝天龙、龙背、龙背灯泡眼、虎头龙背灯泡眼、蛤蟆头等。

文种金鱼一般身体较短，各鳍较长，背鳍、尾鳍分叉为四，眼球平直不突出，从上俯视，鱼体犹如"文"字，故而得名，名贵品种有珍珠、鹤顶红、虎头等。

草种金鱼又称"金鲫种"，是金鱼的祖先，外形似鲫鱼，身体扁平呈纺锤形，背鳍正常。

蛋种金鱼，外形与鲫鱼有较大差异，体短而肥，圆似鸭蛋，眼球不突出，背部平直无背鳍，名贵品种有凤蛋、红蛋、水泡眼、绒球蛋、狮子头等。

金鱼的五大品系又各分为若干类型，品种的优劣也有一定的评判标准。虽然不同种类金鱼的评判标准不一样，但总体来看，金鱼的鳍和颜色是重要依据。在鳍方面，胸鳍、腹鳍、臀鳍、尾鳍都讲究对称，以鳍大而薄，似蝉翼的为好。在色泽方面，红色鱼要从头至尾全身红似火；黑色鱼要乌黑泛光，永不褪色；紫色鱼

要色泽深紫，体色稳定；五花鱼要蓝色为底，五花齐全；鹤顶红要全身银白，头顶肉瘤端正鲜红；玉印顶要全身鲜红，头顶肉瘤呈银白色且端正如玉石镶嵌。

　　金鱼之所以有这么多品种，是和近千年来劳动人民的精心选育分不开的。据传，金色鲫鱼发现于晋朝，而被正式作为观赏鱼则是在南宋早期。至明朝出现盆、缸养鱼的方法后，饲养金鱼才得以普及，并进入了盆养家化的阶段。到了清朝，人们已开始有意识地选种培育，并最终培育出今天多姿多彩的金鱼品种。

　　为什么普通鲫鱼会变成美丽的金鱼呢？原来，家化是形成金鱼品种的决定因素。盆养以后，生存竞争的现象消失了，水质、营养、饲养方法等因人因地而异，促使金鱼发生变异，如体型、鳍、鳞片色素的细胞等都发生了不同形式与不同程度的改变。饲养者再精心加以培育，就逐步培育出许多不同的品种。

　　据报道，欧美各国人民也十分喜爱金鱼。现在欧美各国饲养的金鱼，最初都是由中国传入的。

锦　鲤

锦鲤原产于中亚细亚，后传到中国，并由中国传入日本，经过人工改良为"绯鲤"，又称"色鲤""花鲤"，二战后改称"锦鲤"。许多优良品种都是日本培育出来的，因此，许多锦鲤都是用日文名称来命名的。锦鲤是日本的国鱼，被誉为"观赏鱼之王"。

锦鲤是一种高档的观赏鱼，有"水

中活宝石"之称。它们是鲤鱼的变种,体型和鲤鱼相似,个体较大。头部前端有两对吻须,身上有绚丽的色彩和变幻多姿的斑纹。锦鲤性情温和,喜群游,易饲养,寿命长,对水温的适应性强。

目前国际上通常根据锦鲤鳞片的差异分为两大类,即普通鳞片型、无鳞型或少鳞型。

按锦鲤身体表面斑纹的颜色又可将其分为三大类,即单色类,如浅黄、黄金、变种鲤等;双色类,如写鲤、红白、别光等;三色类,如昭和三色、大正三色等。总之,锦鲤种类繁多,其评判标准也各不相同,但在体型、色彩、斑纹方面还是有相一致的评价标准的。一条优等锦鲤,在体型方面,鱼背要顺直,鱼体要浑圆雄健,鱼身要平衡,游姿要平稳端正,并且能给人以力量感和美感;

在色彩方面,一定要色泽纯正、光润、鲜艳、浓厚,层次边缘要清楚,色层要厚,视觉上要有立体感;鱼体上花纹图案的分布,是锦鲤观赏艺术的核心内容,鱼体斑纹图案的分布要对称、平衡、位置适中,既不能偏重于鱼体的一侧,又不能头重脚轻。除此之外,良好的游姿和硕大的体型,也是判定优质锦鲤的重要标准。

锦鲤共分为九大品系、100多个品种。根据色彩、斑纹及鳞片的分布情况,主要分为13个类型。锦鲤体格健美、色彩艳丽、花纹多变、泳姿雄然,具有极高的观赏和饲养价值。

锦鲤体长最长可达1~1.5米,寿命也极长,能活60~70年。它们寓意吉祥,相传能为主人带来好运,是备受青睐的风水鱼和观赏宠物。

锦　鲫

锦鲫是鲫鱼的近亲，和锦鲤身体表面的色彩相同，因此得名。

锦鲫的身体侧扁而高，头较小，腹部圆，没有吻须，这是它们区别于锦鲤的重要特征之一。背鳍和臀鳍均有一根粗壮且后缘有锯齿的硬刺。在中国南方，锦鲫几乎全年都能摄食；在北方则由当

年12月至第二年的3月停止摄食，而每年6~8月则是它们最活跃的摄食时期。它们食性广杂，从不挑食。

锦鲫的生长速度较慢。但对各种生态环境的适应能力很强，通常喜欢栖息在水草丛生、流速缓慢的浅水河湾、湖泊、池塘中，对水质、水温、食物和产卵场地等条件都不苛求。

锦鲫的养殖品种繁多，都是普通红锦鲫经过人工筛选、驯化而成的变种。

金龙鱼与银龙鱼

作为中华民族的图腾，龙与中国的文化传承有着密不可分的联系，自古历代皇帝就以"龙"自居。进入20世纪，观赏鱼中出现了一个具有王者风范的新鱼种——龙鱼。相传，龙鱼是古代祥龙的化身，取之饲养，能为主人带来好运、招财进宝，加上身披金甲银衣，泳姿优美，所以它们深受大家喜爱。

龙鱼嘴上的两条胡须和闪光发亮的大鳞片使其周身闪烁着梦幻般的光芒，再加上传奇而古老的身世，使人们自然而然地将它们与神秘的龙联系起来，故而得名。

其实龙鱼的历史比我们人类的历史还要悠久。早在3.45亿年以前，龙鱼所隶属的骨舌鱼亚科的骨舌鱼类，便已经活跃于冈瓦纳古大陆的水域之中。之后，随着地壳的剧烈运动，冈瓦纳古大陆被撕裂成数大块，形成今日的澳洲、非洲、美洲等新大陆，骨舌鱼家族也就相应地分散在这些新大陆上。现代的龙鱼，则主要来自这几个地方。它们的共同特点是，繁殖能力较弱，雌鱼产卵，雄鱼将受精卵含在口中孵化并养育。

龙鱼的品种很多，它们体型相似，都呈长带形，有的品种身长可达1米以上，身体侧扁，尾呈扇形。背鳍和臀鳍呈带形，向后延伸至尾柄基部。下颚比上颚突出，长有一对短而粗的须。在宽大的鱼体上整齐地排列着五排大鳞片。目前中国的观赏鱼爱好者主要以饲养金龙鱼和银龙鱼为主。金龙鱼基本上可分为两大类：一种是原产地为马来西亚的过背金龙，另一种是原产地为印尼苏门答腊的红尾金。它们的颜色可以说是变化无穷。金色的亮度随着年龄的增长逐渐向背部发展，并最终形成一道完整闪亮的金边背鳞，整个鱼体金光灿灿，仿佛一块活的黄金在水中游动，

　　其雍容华贵的气度让人由衷赞叹。银龙鱼原产于巴西的亚马孙河流域，全身呈现金属般的银色，其中含有蓝色、钴蓝色、青色等，闪闪发亮，光彩照人。

　　龙鱼的价格在观赏鱼中可算是天价了。正因为如此，在挑选龙鱼时，一定要细心比较、鉴别，才能买到一条货真价实的"好龙"。挑选龙鱼时，首先要看龙须。龙须是龙鱼威严的象征，优等龙鱼的触须是笔直的，而且颜色和鱼体一致。其次要看眼球。大而明亮且有神的眼睛是龙鱼的精神所在。优等龙鱼的眼球硕大，像探照灯一样突出，并且转动灵活。然后要看头部。头顶的表皮要尽量平滑光亮，不能有褶皱，嘴巴的上下唇要密合。再就是看鳞片。鳞片要大而整齐，看上去很有光泽。最后，还要看龙鱼在水中的泳姿，是否能给人以美的享受。

蝴蝶鱼

　　若要在鱼类中进行选美大赛,那么最富绮丽色彩和引人遐想的非蝴蝶鱼莫属了。蝴蝶鱼体色艳丽夺目,在世界各地的水族馆中都有它们那迷人的身姿,供游人观赏。

　　蝴蝶鱼生活在近海暖水水域中,是小型的珊瑚礁鱼类,属硬骨鱼纲鲈形目蝴蝶鱼科,约有110多种,中国沿海分

布有40多种。体型最大者可长达30厘米，如细纹蝴蝶鱼。它们的身体极度侧扁，适宜在珊瑚丛中来回穿梭；长着一张樱桃小口，可以略微向前伸出，适宜伸入珊瑚洞穴中捕捉无脊椎动物；体色鲜艳绚丽，并伴有数目不等的纵横条纹或花斑。

由于栖息在五光十色的珊瑚礁中，蝴蝶鱼的体色会随着周围环境的变化而改变。蝴蝶鱼的体表分布有大量的色素细胞，在神经系统的控制下可以扩张或收缩，从而呈现出不同的色彩。它们改变一次体色仅需几分钟，有的甚至只需几秒钟。除能改变体色外，许多蝴蝶鱼的体外还有巧妙的伪装，常把自己真正的眼藏在穿过头部的黑色条纹中，而在尾柄处或背鳍后有一个非常醒目的"伪眼"，使捕食者误以为尾部是其头部而被迷惑。当敌害向"伪眼"袭击时，蝴蝶鱼就会逃之夭夭。在弱肉强食的残酷的海洋环境中，蝴蝶鱼的变色与伪装，达到了以假乱真的地步，为自己赢得了一席之地。

大部分蝴蝶鱼通常都会成双配对地在珊瑚礁中游弋、戏耍，总是形影不离。当一条在摄食时，另一条就会在其旁边警戒。

盘丽鱼

盘丽鱼原产于亚马孙河流域，与罗非鱼同为丽鱼科，有棕盘丽鱼、绿盘丽鱼、蓝盘丽鱼、红盘丽鱼等品种。由于成鱼的身体呈圆盘形，故而得名。

盘丽鱼的嘴巴很小，而且上下颌各长有一排小齿。大多数鱼类都有两对鼻孔，但盘丽鱼只有1对。成鱼身上有交互排列的赤褐色斑纹，背鳍与臀鳍十分发达。此外，它们的体色、体型还会随着身体的成长而不断发生变化。

盘丽鱼是热带鱼中最漂亮的一种，但繁殖率不高。在幼鱼孵化后的3～4周内，亲鱼的皮肤会分泌一种黏液，这种黏液被称为"丽鱼乳"，盘丽鱼用它哺育幼鱼。此分泌物与盘丽鱼脑下垂体所分泌的荷尔蒙有关。盘丽鱼成鱼为肉食性鱼类，以水生昆虫、蚯蚓、孑孑等为食。

　　和其他丽鱼科鱼类一样，盘丽鱼对自己的卵及幼鱼的照顾也十分细心。在繁殖期间，雄鱼与雌鱼共同用嘴将叶面宽大的水草清理干净，作为产卵地点。接着，雌鱼在这里产卵，然后雌雄鱼交替地用鳍将水泼在卵上，以使卵周围的环境保持稳定。卵孵化后，亲鱼会将幼鱼衔在口中，并移往其他水草，幼鱼便会悬在这些水草上。不久幼鱼转而悬在亲体上，开始游泳，并且以亲体皮肤所分泌的"丽鱼乳"为食，雌鱼与雄鱼轮流照顾幼鱼。

　　孵化后的幼鱼体表呈褐色，两侧有黑色斑纹。孵化6个月后，幼鱼的头部和鳃盖会产生蓝色斑点。

胭脂鱼

胭脂鱼也叫"木叶鱼""黄排""红鱼""燕雀鱼"。成鱼全身为淡红色,从吻端到尾鳍基部有一条猩红色的宽条纹,近似化妆用的胭脂的颜色,故而得名。胭脂鱼大约有65种,几乎都分布于北美洲、中美洲等地,而中国所产的胭脂鱼是胭脂鱼科在亚洲大陆的唯一种类,在学术研究上具有重要价值,所以十分珍贵。胭脂鱼是中国的特产,主要分布在长江干、支流及附属的湖泊和闽江水系中。

胭脂鱼体长5~10厘米,体重在3.5千克左右,最大的可达50千克。体高而侧扁,呈斜方形。头尖而短小,吻钝圆,口小,下位,呈马蹄形。唇肥厚,有许多细小的乳

突，向外呈吸盘状。牙齿侧扁，末端呈钩状，排列呈梳状。背鳍很高，臀鳍较短，尾鳍呈叉形。幼体有银灰、墨绿、桃红或淡紫等颜色，体侧有三条黑褐色横纹，有一块黑褐色斑横贯眼球，尾鳍为灰白色，其他各鳍为淡红色并杂有黑色斑点。

浩浩长江，是众多珍稀水生动物栖息繁衍的家园。在长江渔民的口中，自古就有"千斤腊子万斤象，黄排大得不像样"的谚语，这里的"黄排"指的就是胭脂鱼，这句话形容出了胭脂鱼巨大的体型，同时也反映出在过去它们是很常见的种类。但现在由于种种原因，胭脂鱼的数量已经相当稀少，是中国二级保护动物。

胭脂鱼为江河温水性底栖鱼类，行动敏捷，主要以底栖的无脊椎动物、昆虫幼虫、水底泥渣中的有机物以及硅藻等植物碎片为食，并捕食摇蚊幼虫。在湖泊中则主要以软体动物为食。

胭脂鱼的产卵期在每年的3—4月。在长江中，它们的产卵场所均位于上游，一般在水质清澈、含氧量高、水位和水温都较稳定的急流石滩处产卵。一条重10～15千克的雌性胭脂鱼，产卵量约为10万～20万粒。胭脂鱼的卵具有黏性，常粘贴在水底砾石或水藻上。如果水温保持在16.5℃～18℃，约7～8天后便可孵出幼鱼。幼鱼行动缓慢，常群集于水流缓慢的砾石间，喜欢栖居在水体的上层。

近年来，由于过度捕捞、掠夺性开发和管理上的混乱，长江胭脂鱼资源急剧减少，胭脂鱼的生长、繁殖及其种群数量均受到了一定影响。

罗非鱼

罗非鱼属丽鱼科，共有100余种，除了特殊的一种外，其余均是在口中育卵。罗非鱼生活在淡水中，为雀鲷的"近亲"，故又被称为"河雀鲷"。

罗非鱼对卵及幼鱼的照顾十分细心。雌鱼用尾鳍和口搬运小石头，在水底筑成钵状的巢，以便产卵。

此时如果有其他雄鱼接近，雌鱼便会用嘴推挤驱逐。雌鱼每次产卵100～300粒，产卵后，雌鱼会将卵衔在口中，利用呼吸时的水流使卵翻动。

一般3～5天后，卵就会孵化为幼鱼，但是雌鱼仍会将幼鱼留在口中，大约经过10天后才会让它们出去活动；但是在此后2～3个星期内，若遇到危险，雌鱼还会将幼鱼再度衔回口中加以保护。

由于亲鱼在孵卵和哺育幼鱼时十分小心，所以罗非鱼生存率极高。罗非鱼的最大特征是生长速度极快，此外，它们还可以生活在盐分浓度较高的环境中。

罗非鱼的育幼方式属腔内孵化型，此现象对于研究鱼类行为的进化，提供了极为重要的资料。

接 吻 鱼

接吻鱼又名"吻嘴鱼""桃花鱼",原产于马来西亚、泰国、印度尼西亚等地。接吻鱼是水族中一款浪漫的鱼类,当它们相遇时,双方都会撅起呈吸盘状的嘴巴,用力地接触,故而得名。

接吻鱼是一种热带鱼,它们的故乡在东南亚的爪哇岛和婆罗洲岛。当地居民非常钟爱接吻鱼,常常将它们养在鱼缸中,观赏其"接吻"表演。后来,接吻鱼逐渐成为世界闻名的观赏鱼类,市场价格也一路飙升,每尾最高售价达100美元左右。

接吻鱼体长15~25厘米,嘴唇上长有锯齿状的肉齿,喜欢啃食水草、青苔和藻类,有水族"清洁工"的美称。体色银白,略带粉红色。雄鱼背鳍末端尖长,雌雄鱼较易区别。接吻鱼属泡沫卵生鱼类,雌鱼每次产卵1000~1500粒。

接吻对于人类来说是一种情感交流，而对于鱼类来说，接吻是为什么呢？

接吻鱼接吻的时间长短不一，但次数相当频繁，这在鱼类世界中也是一种罕见的现象。至于接吻鱼为什么会有这种奇特的习性，众说不一。

有人认为，接吻鱼的接吻动作是雄雌接吻鱼之间的示爱行为。但人们发现，其接吻现象并不只限于异性之间，在同性之间也有接吻现象。只要将两条接吻鱼饲养在一起，不论同是雌性，还是同是雄性，它们都会接吻。即使是在只有一条鱼的情况下，它也要向着水草上的青苔或鱼箱玻璃上的青苔不断地吮吸，乱碰乱撞，表现出接吻的样子。由此可见，接吻鱼的接吻并不是示爱动作，更不是在打架，而很可能是它们的一种生活习性。此外，还有人认为接吻鱼接吻是在彼此吮吸对方嘴上的青苔。

不过，上述解释都不能令人满意。因此对接吻鱼的这一奇特现象，还需要通过进一步研究才能揭开其中的奥秘。

鹦嘴鱼

鹦嘴鱼分布在热带与亚热带，是一类生活在珊瑚礁海域的大型鱼类。鹦嘴鱼科有80多种，在中国沿海约分布有10种鹦嘴鱼。鹦嘴鱼有很多小牙齿，这些牙齿酷似鹦鹉的嘴，所以被叫作"鹦嘴鱼"。

鹦嘴鱼是与隆头鱼极为相似的种类。体长30～200厘米不等，体色与外形因雌、雄个体和成长期阶段的不同而有所不同。每天晚上它们都会在固定的地方睡觉。此时，鹦嘴鱼的身体便会产生一种黏液，形成像袋子一样的东西包裹住身体，然后它们就在里面休息、睡觉。由于袋子的前后有许多洞孔，所以它们不会感到呼吸困难，这样还有助于它们抵御海鳝等的攻击。它们主要以珊瑚、海胆、海藻等为食。雄鱼在年纪大了以后，额头上还会长出像肿瘤一样的东西。

　　大西洋中的鹦嘴鱼，产卵周期为每年1次，产完卵后，一天即可孵化。

　　雌鱼的体表为红色，雄鱼的体表为蓝色。它们凸出的牙齿四周是红色的，以蟹类、海藻等为食。如遇到坚硬的海藻，鹦嘴鱼就会先将其咬成细块后再咀嚼，再由消化管分泌的酶消化海藻。鹦嘴鱼强壮的牙齿在咬食珊瑚时，不能消化的部分便会排出体外，它们会一边游泳，一边排泄，看起来就像沿途洒沙一样。蓝鹦嘴鱼生活在珊瑚礁旁，其牙齿能咬碎并吃下石珊瑚。它们除了具有鹦鹉的鸟嘴状牙齿外，喉头内侧还有一对咽喉齿，其功能是将嘴巴已咬过的食物再用咽喉齿加以咬碎。

神仙鱼

　　神仙鱼堪称观赏鱼中的"富贵兵团"了，人们往往会被它们身上那梦幻般的绚丽色彩所吸引。

　　神仙鱼身体呈椭圆形，体色金黄。眼部有棕褐色带，嘴呈银白色，鳃盖有一条黑带，下颌为黑色。背鳍满是蓝色花纹，边缘为黄色；臀鳍为深蓝色，有黑色花纹；尾鳍为黄色。神仙鱼姿态优美，受水族爱好者欢迎的程度是任何一种热带鱼都无法比拟的。神仙鱼几乎就是热带鱼的代名词，只要一提起热带鱼，人们第一时间想到的往往就是这种在水草丛中悠然穿梭，美丽得超凡脱俗的鱼类。

　　神仙鱼的外形宛如水中飞翔的燕子，故在中国北方地区又被称为"燕鱼"。

神仙鱼的性格十分温和，对水质也没有什么特殊要求，在弱酸性的水质环境中可以和绝大多数鱼类混合饲养。

有一种黑神仙鱼，又称"黑燕""墨燕"。这是神仙鱼的变异种，体型与神仙鱼相似，鳍翅较宽短，如燕似蝶，全身墨黑。有的黑神仙鱼在尾鳍基部会出现一条垂直透明的方格，非常别致。

小知识

海里生、河里长的鱼

有些鱼是在海里孵化出来以后，到淡水中觅食生长，等到它们性成熟后，到了生殖季节又会回到海里进行生殖活动，这叫"降河洄游"。降河洄游的鱼类约41种，鳗鲡则是这一类鱼的代表。雌鳗鲡在河里生活8~12年后接近性成熟。雄鳗鲡生活5~7年之后，在接近性成熟时，背部颜色变深，腹部变成银白色，闪闪发光，眼睛变得大而突出，吻端变尖。在秋季达到性成熟后，鳗鲡开始成群结队，离开江河，出海旅行，开始海上的冒险生活。在这期间，它们顾不上吃喝，日夜兼程，风雨无阻，经过数千公里的漫长旅程，到达目的地。正值新春之际，鳗鲡便沉到大海深处产卵繁殖。一尾亲鳗能产700万~1000万粒卵。产卵以后，亲鳗筋疲力尽，相继死去。

受精卵经过36小时就能孵化出仔鳗。仔鳗体长仅有3毫米，扁平的身体颇像柳叶，因此被人们称为"柳叶鳗"。柳叶鳗一边生长，一边游向海面，然后又踏上父辈走过的道路，向江河游去。它们一年要漂游1800千米，3年后才能回到父母生活过的江河里。

七星刀鱼

七星刀鱼又名"东洋刀鱼""花刀鱼""弓背鱼""七星飞刀鱼"。分布于泰国、缅甸、印度，属于热带鱼。

那么，七星刀鱼的名字是从何而来的呢？

原来，七星刀鱼身体呈长刀形，前半身宽厚，脊微呈弓形隆起。身体极度侧扁，尾鳍呈尖形，体长可达1米。鱼体呈银灰色，体侧有椭圆形的黑色斑点，从腹部开始一直排列到尾部。七星刀鱼体侧斑点的数目不定，会因生长期的不同而有所增减。幼鱼期体表并无黑色斑点，只有10~15条淡淡的斜纹，长成成鱼后才会变成黑色斑点。背鳍很小且透明，臀鳍从腹部开始一直延伸到尾部，与尾鳍连接成一体，在鱼体腹部形成一个刀刃一样薄薄的边缘，看上去更像一把开了刃的大刀。所以大家称这种鱼为"七星刀鱼"。

另外，七星刀鱼有辅助呼吸的气囊。其嘴内有细小的牙齿。

在热带鱼中，七星刀鱼可以说是庞然大物，块头大，食量也大，生长迅速，很容易喂养。喜欢弱酸性的软水，以动物性食物为主，喜食小鱼、小虾等。它们白天较少活动，唯独喜欢在夜间游动觅食，属夜行性鱼类。

电 鳐

在温带海洋中有一种会放电的软骨鱼，它的名字叫"电鳐"。

电鳐放电对风湿病患者起着电疗的作用。古希腊人、古罗马人早就知道电鳐放电的功能，并利用电鳐来治疗疾病。

电鳐可以放出50安培的电流，电压达60~80伏，每秒钟放电50次，连续放电后，电流逐渐减弱，10~15秒钟后完全消失，休息一会儿它又

能恢复放电能力。

电鳐是怎样放电的呢?原来在电鳐胸鳍的内侧各有一个由肌肉转化而成的放电器。每个放电器是由若干肌肉纤维组成的六角形柱管,管中贮存着五色胶状物,通常起着电解质的作用。管内又分成若干小间隔,每一间隔里都有扁平的电极,与神经末梢连接的一面为负极,另一面为正极。这些电极都是由很小的电化学细胞组成的。当电鳐受到刺激时,受神经末梢支配的细胞膜便释放出一种化学物质,改变了细胞膜内外电荷的分布,这样就产生了电位差,继而产生出电

流。电鳐的放电器是由肌肉转化而成的,所以在连续放电后,肌肉纤维疲劳了,就放不出电来,休息一会儿,疲劳解除了,又可以放出电来。电鳐放电是为了防御敌害和捕食,大鱼碰上电流,急忙避开,小鱼则会被击昏、击毙,正好成为电鳐的食物。

电鳐的放电特性启发了人们发明、制造能储存电能的电池,伏打电池随之出现。这样,世界上第一个直流电源就在电鳐的启发下问世了。

我们日常生活中所用的干电池,在正负极间填装的糊状物是由伏打电池的液体改进而来的。这种糊状电解质也是受电鳐的启发(电鳐的发电器里装的是胶状物)。这样,人们所需的电池就能做得小一些,灵巧一些。

奇异鱼类

海 马

　　海马，从名字上来看，它们并不是鱼，因其头部酷似马头，故而得名。其实，海马是生活在海洋里的一种地地道道的小型鱼类，因为它们具有鱼类的一切特征。海马的身体由许多块骨板组成，能灵活地屈伸，骨板上还有许多突起。胸鳍很小，背鳍却像一把锦扇在水中微微摆动。尾由许多节组成，伸缩自如。

　　海马体型短小，体长约10厘米左右，绝大多数鱼类是靠尾巴的摆动来游动，但

海马不同，它们是靠胸鳍和背鳍的微微扇动来推动身体行进的。它们活动时总是直立着身体将尾部卷在腹下一撅一撅地游来游去，有时也用尾巴进行弹跳，游累了就用尾巴卷住海藻等植物的茎休息一下。由于海马具有特殊的体型及活动方式，大鱼往往错把它们当成水草的一部分而忽略了捕猎的机会，尤其是澳大利亚海马，酷似海藻更难分辨。

海马不仅长相奇特，繁殖后代的方式也与众不同。每年的繁殖季节，雄海马体侧的腹壁会向身体中央线上生起皱褶并渐渐形成宽大的"育儿袋"，在"育儿袋"的上面有个小开口。在交配前，雌、雄海马先要经过24~48小时的试探与追逐，当海马肚子的颜色由黑色变为白色时，交尾开始，雌海马把卵产在雄海马的"育儿袋"里，每次产卵约100粒。产完卵后，雌海马便不辞而别，雄海马从此便担负起育儿的责任。雄海马在呼吸时"育儿袋"微微启合，以使发育中的胚胎得到足够的水分和氧气，同时"育儿袋"中的血管网向胚胎提供必要的营养。大约8~20天后雄海马开始分娩。临产前，雄海马先将尾部紧紧地卷在海藻茎上，然后收缩肌肉，身体一俯一仰地摆动，当它仰身时，育儿袋被迫打开，喷出一尾尾小海马。刚刚出生的小海马全身透明，甚至可以清晰地看到其心脏的跳动。幸运的是，小海马一问世，便能自己觅食。新生的小海马长到5个月大左右，就又可以生儿育女了。

你可能会问，繁殖后代的任务为什么要让雄海马代劳呢？其实这与海马的生活环境有关。海马生活在浅海区，但那里情况复杂，尤其到了春夏之交，许多海洋动物都会从深海或远洋游到浅海，在那里繁殖后代。热闹的浅海区并不平静，弱肉强食的种间斗争造成成年动物大批伤亡，幼小动物

的生命更是得不到保障。尤其是刚刚离开母体的鱼卵简直成了一些海洋动物相互争夺的美食。海马为了保护自己的后代，不仅演化为雄海马长有育儿袋，由雄海马来孵化鱼卵，而且由卵生演化为类似胎生的繁殖方式。这种奇特的繁殖方式使小海马得以在父亲的怀抱里平安地出生、长大。所以说，海马的夫代妻责是其长期适应海洋生活环境的结果。

　　另外，海马的眼睛也很独特。我们人类的两只眼睛总是同时看着同一个物体，集中分析同一信息。而海马的两只眼睛特别灵活，它们可以各司其职。当一只眼睛观察水面时，另一只眼睛却可以同时观察水底，两只眼睛可以观察两个不同的方位，互不影响，这在其他动物中也是极为少见的。因此，海马可以一边观察周围环境，一边觅食。

四眼鱼

在中美洲与南美洲水域中，生活着淡水鱼中较为珍贵的四眼鱼。顾名思义，这类鱼都有四只眼睛。虽说有四只眼睛，眼球还是一对，其中每个眼球在中央处被分隔成上下两个部分。这种鱼全长20~30厘米，全身为灰色。

将四眼鱼的眼睛分成两个部分的膜，称为"暗隔膜"。它们的眼睛能露出一半在水面上借以观察周围的情况，同时另一半眼睛能沉入水中搜寻猎物。所以说，下半部的眼睛在水中使用，而上半部的眼睛在水面上使用。从网膜上来说，这种关系则相反，水面上的影像在下方的视网膜形成，而水中的影像则由上方的视网膜形成。四眼鱼的眼睛在构造上，像凸眼金鱼那样从头部突出，在水面游动时，上半部眼睛就像潜望镜那样会露出水面。

四眼鱼的眼睛在水面上比在水中看得更清楚。如果想在半咸水域捕捉四眼鱼，它们会在很远的地方就发现人类的行踪而逃之夭夭。在水中的时候，它们只能算是"近视眼"。不过，它们能看到距离自己1米左右的猎物，捕食没有障碍。四眼鱼的食物庞杂，几乎什么都吃。任何不慎掉落水面的昆虫都有可能成为它们的盘中餐，包括蠕虫、甲壳类动物和其他一些昆虫等。

众所周知，四眼鱼喜欢过着奇特的集群式夫妻生活。鱼类中有采取一夫一妻、一夫多妻、杂婚等生活形态，但四眼鱼却不同，它们的交配方式和它们的眼睛一样令人惊讶。因为雌鱼的泄殖腔要么一律向左，要么一律向右，并且被鳞片覆盖。而雄鱼用于交配的特殊变形臀鳍，也是要么向左撇，要么向右撇，从未有过既向左撇又向右撇的。这就只能有一个结果，即臀鳍向左撇的雄鱼，只能与泄殖腔向右开的雌鱼结为夫妻，此外别无选择。交配结束后，受精卵会留在雌鱼体内发育1个月左右，之后产出时便是小四眼鱼。

飞鱼

飞鱼生活在暖温水域的中上层，皮色泛蓝，鳞光闪闪。它们的胸鳍特别发达，长可达臀鳍的末端，宽约7~10厘米，胸鳍展开，犹如一只飞翔的燕子，因此人们又称它们为"燕儿鱼"。飞鱼主要生活在热带和亚热带海区，在中国的南海、东海海域都能见到。在茫茫大海上，我们常会看到一条条银光闪闪的鱼，跃出水面，像鸟儿一样冲向蓝天，快速地向前"飞"去，远远望去，就像一只燕子掠过海面。

既然飞鱼属于水生动物，又怎么能像鸟儿一样飞起来呢？其实，准确地说，飞鱼并不是在飞行，而只是在空中滑翔。因为飞鱼根本没有翅膀，那张开的"双翅"，实际上是一对十分发达的胸鳍，其结构和鸟翼不同，更谈不上有羽毛了。飞鱼体长20~30厘米，而胸鳍占到了体长的2/3。它们的尾鳍呈叉形，上叉短，下叉特别长。

飞鱼在起飞前，先将胸鳍和腹鳍紧贴在身体两侧，像一艘潜水艇，然后按照一定的角度猛地游向水面，待头露出水面后，再用强有力的尾部迅速击打水面，从而获得推力。这时它们就会张开翅膀似的胸鳍腾空而起，冲向空中。在空中滑翔一会儿后，飞鱼的身体就会下沉，就在它们重新贴近水面时，尾部会再次用力击水，身体便又跃到了空中。这样连续几次后，它们便会头朝下落入水中。飞鱼一般高达冲离水面5~6米，滑翔速度为每秒2~30米，在空中的滑翔距离一般为100~300米，顺风时可达500米。

飞鱼为什么要跃出水面？原来，飞鱼的视力较差，在大海里觅食十分艰难。海洋中的生物几乎都有自己的独门防身术，只要略施小计，飞鱼就无法捕获到食物。这样，飞鱼不得不"飞"起来，捕食水面上的昆虫。科学家们解剖飞鱼时，发现它们胃里的食物中有13%是空中的昆虫。

当然，飞鱼在填饱肚子的同时，还要保证自己不被其他生物吃掉。凶猛的鲨鱼、剑鱼以及金枪鱼都会经常捕食飞鱼。为了逃命，飞鱼终于练就了一身飞翔的本领，以逃避天敌的追击。

飞鱼喜欢汗味及血腥味，有时，它们会趁滑翔之际，抢走船上旅客的帽子、衣物，然后投入水中。为此，还曾发生过这样一段有趣的故事：

一年夏天，一艘英国货轮"海神"号从欧洲驶往澳大利亚。在经过长达半个月的长途航行之后，"海神"号终于来到了它的目的地——美丽的悉尼港。这是年轻的船长费利尔的处女航，此时的他高兴地换上新装，戴上一顶当时流行的高筒礼帽，得意地走上甲板，看着船缓缓地驶入海港。忽然，一阵大雾遮天而来，远处什么也看不见了，船长只好下令抛锚，暂停靠港。就在他刚要走进驾驶舱时，忽然头

顶一抖，"嗖"的一声，心爱的帽子不见了。十几名水手闻讯赶来，连忙帮他寻找，可是，帽子早已无影无踪了。

船靠悉尼港后，费利尔丢帽子的事成了渔民们的笑柄。一位好心的渔民告诉他，澳大利亚沿海的飞鱼很多，它们不但会"抢"走别人的帽子，还会"借"走渔民们晾晒的衣物。雾天看不清，要是晴天，还可以看到飞鱼对抢来的帽子和衣物你争我抢的景象。

生物的任何秉性都会被人类利用，渔民们常常根据飞鱼的这一特点，投其所好，用动物的血液或汗味很强的衣物来诱捕飞鱼。每当飞鱼嗅到这种气味后，便会凭借飞行的冲力撞向目标，稀里糊涂地成为渔民的网中之鱼。

飞鱼肉质柔嫩，味道鲜美，因此常常出现在盛大的宴席上，再加上厨师们的精心制作，活像一只展翅欲飞的小燕子。

旗　鱼

旗鱼为大洋性洄游的大型中上层鱼类，主要生活在印度洋、大西洋、太平洋的热带和亚热带海域，中国南海海域也有分布。

旗鱼身体钝圆粗壮，呈纺锤形，头的前端有一尖长如剑的喙状吻部，尾鳍分叉，犹如一柄大镰刀。它们的头背部呈蓝紫色，腹部为淡黑色，体侧布满了银色的小圆粒斑。旗鱼长有两个互相分离的背鳍，第一背鳍柔软高大，看上去就像一面迎风招展的大旗，可自由折叠伸展，第二背鳍短小而低矮，位于尾柄部。旗鱼游动时的速度非常快，每当快速游动时，旗鱼就会将大旗状背鳍收拢叠藏在背部下陷的沟内，以减少前进的阻力。据记载，旗鱼的速度最快时，每小时可达120千米，比轮船的速度还要快3~4倍，它们也因此获得了"游泳冠军"的称号。一旦要减慢游速，它们就会竖起"大旗"，以增加水的阻力。有时它们也会在海面上故意露出旗状背鳍和镰刀形的尾鳍，耀武扬威。

旗鱼性情凶猛，时常会凭着锋利的剑状上颌和游速快的特点觅食。有时会独自在海浪中寻找食物，有时会三五成群闯入鱼群，多时可达30余条。旗鱼在觅食时会用像剑一样的上颌东刺西砍，以利刃般的尾鳍左挥右舞。不多时便将海面搅得鲜血翻滚，鱼尸漂浮。1985年10月3日，澎湖列岛南部海域曾出现近百条旗鱼追逐金

枪鱼群的奇观。旗鱼不但能攻击大型鲸类，而且还会袭击船只，它们锋利的剑状上颌能将在海上航行的木船戳穿。

旗鱼的卵直径约1.6毫米，约3天后就能孵化。刚刚孵化的小鱼体长约为4毫米。等长到10厘米时，就可以捕食其他鱼类的幼苗了。

此外，还有一种和旗鱼长得十分相似、生活习性也颇为相近的剑鱼，体长一般为2～3米，体重达几百千克。剑鱼与旗鱼的主要不同之处是其成体无牙。在英国的博物馆里，有两件剑鱼袭击船只的陈列品：34厘米厚的船体木板中间，嵌着一根长30厘米的如剑般的剑鱼上颌；另一块55.8厘米厚的船体木板，被剑鱼戳穿了一个孔。剑鱼的游泳速度也很快，仅次于旗鱼。

大理裂腹鱼

大理裂腹鱼又名"竿鱼""弓鱼"，是暖水性高原湖泊所特有的小型鱼类，仅分布于中国云南洱海及其支流和澜沧江水系中。体长9~25厘米，体重100~200克，雌性比雄性稍大。身体细长，略侧扁。身体背面为浅褐色或黄褐色，腹部为灰白色或略带淡黄色。全身长满了细小的鳞片，排列不整齐，鳞片的形状也不规则。头短小，眼大，位于头的前半部。口端位，口裂深，呈马蹄形，略倾斜。下颌没有锐利的角质缘。唇狭细，上下唇在口角处相连，下唇仅有两侧叶而无中间叶。有两对极小的须，颔须比吻须稍长。胸部和腹部裸露无鳞或仅在腹鳍基部附近有少数隐藏于皮下的鳞片。侧线微弯。背鳍的起点大约位于身体的正中，硬刺强且后缘具锯齿，臀鳍非常大，尾鳍呈深叉状。

大理裂腹鱼喜欢栖息在静水环境的中上层，以浮游生物为食，主要是枝角类和桡足类，也吃昆虫，还吃少量的绿藻和丝状藻等藻类。

大理裂腹鱼每年4~7月聚集成群，从湖水中溯河流或溪沟而上进行繁殖。雌性在生殖期间很少或停止摄食，主要靠储存在体内的丰富的脂肪体维持生命。它们在流水中产卵，卵沉于水底。受精卵黏附于石砾、岩石上，在缝隙处的流水中孵化。

大理裂腹鱼肉味鲜美，并且有止血、解毒、滋补的功效，还可以治疗身体劳损、崩漏下血、丹毒、小儿痰热风痫等病症。现在，大理裂腹鱼的数量日益稀少，急需进行保护。

比目鱼

比目鱼因其眼睛长得奇特而得名。鱼类的眼睛一般都长在头部的两侧，而比目鱼的眼睛却长在身体的同一侧。由于它们的两眼位于头部的同一侧，被认为需要两鱼并肩而行，所以人们称其为"比目鱼"。比目鱼主要分布在热带、温带地区。

当小比目鱼刚从卵中孵化出来时，它们和其他鱼类没有什么不同，两只眼睛端正地长在头部的两侧。然而，大约20天以后，当小比目鱼身体长到1厘米长时，由于各部分不平衡的缘故，再也无法正常游泳，只好侧卧到水底去，它们的眼睛也就在这时开始移动生长。比目鱼长期生活在海底，因此，它们的两只眼睛都长在身体朝上的一面，这有助于它们及时发现敌人、捕捉食物。它们的皮肤也有相似的情况，身体下部长期面向海底，颜色较淡，身体上部则呈棕色，接近于海底土质的颜色，或者随着海底土质色彩的差异而形成斑点，这样既有利于它们躲过敌害的视线，

也有利于它们捕食。

　　实际上，比目鱼并不是成双成对行动，而是单独生活的一种鱼类。它们的两只眼睛长到一边，一方面是对环境逐步适应的结果，另一方面是因为它们的两边脑骨生长不平衡，尤其是前额骨更为突出。身体下部的那只眼睛，因眼下那条软带不断增长，眼睛便不断向上移动，经过背脊而到达身体朝上的一面，和原来的那只眼睛并列在一起。此刻它们的眼眶骨也生成了，以后眼睛的位置就不会再移动了。因

此，即便它们的眼睛都长在一侧，也用不着成双成对地行动。

在所有海洋生物中，鲨鱼以凶猛、残忍而著称，但比目鱼却不害怕它们。原来，比目鱼能排泄一种乳白色的液体，毒性极强，这种毒液在水中可以扩散5 000倍。科学家曾把这种毒液加到鱼饵里，然后绑在其他小鱼身上。当鲨鱼吞食了带有毒饵的小鱼后，鲨鱼的嘴就会因变得僵硬而无法合拢，这时，鲨鱼就会仓皇逃走。几分钟后，鲨鱼的嘴才会恢复常态。如果鲨鱼再贪食带毒饵的小鱼，便会再次遭遇上面的痛苦，比目鱼就是这样制服大鲨鱼的。经过研究，生物学家们发现了这种毒液能使鲨鱼的口部肌肉麻木而瘫痪的原理，目前，他们正在根据这一原理人工合成比目鱼毒液，进而制成"防鲨灵"软膏，涂在游泳者的身上，以免他们受到鲨鱼的伤害。

在中国古代，比目鱼还是忠于爱情的象征，古人留下了许多吟诵比目鱼的佳句，比如"凤凰双栖鱼比目""得成比目何辞死，愿作鸳鸯不羡仙"等。其实从科学的角度来说，这些描述并不符合事实，只是人们的美好愿望罢了。

射 水 鱼

射水鱼，俗称"高射炮鱼"，属于鲈形目射水鱼科，发现于1766年。射水鱼大多生活在印度洋到太平洋一带的热带沿海以及江河中，是一种咸淡水鱼，也是一种小型观赏鱼类。射水鱼的体型近似卵形，身体侧扁，头长而尖，眼大，体色淡黄，略带绿色，体侧有6条黑色垂直的条纹，其中一条通过眼部。在天然水域中，体长可达20~30厘米，而人工饲养的射水鱼，体长多在10厘米左右。

射水鱼主要以昆虫为食。大部分捕食昆虫的鱼类，只能吃水中的昆虫，对于停留在岸边和掠过水面的陆生昆虫只能望洋兴叹，而有"神枪手"之称的射水鱼却自有一套捕食昆虫的高超本领。有"枪"就一定要有"子弹"，射水鱼的"子弹"可不是用火药制成的，而是一串水珠，而且命中率极高。这是怎么回事呢？

当射水鱼在靠近岸边的水中游动时，它们的眼睛盯着水面的上空或岸边的草丛。栖息在岸边和水草上的蚊、蝇等昆虫，一旦被射水鱼盯上可就惨了。当射水鱼发现目标后，就会慢慢向猎物靠近。当猎物进入自己的射程后，它们就会突然从嘴中喷射出一串水珠，这些水珠以飞快的速度射中昆虫。水珠落回水里以后，水中就多了一具昆虫的尸体，这就是射水鱼的美餐。通常在1米左右的距离，射水鱼便可准确将猎物射落，但当射水鱼长成成鱼后，它们就能将4米远的猎物射落。像射水鱼这种"枪打飞鸟"的捕食方式在鱼类中是极其罕见的。

大菱鲆

大菱鲆,也称"欧洲比目鱼",又被称为"多宝鱼",是原产于大西洋的一种特有、名贵的比目鱼类。

大菱鲆身体侧扁,身躯柔软,体色斑斓,绚丽多姿,两眼在上,在水中游动时非常优雅,宛如蝴蝶,故又有"蝴蝶鱼"之称。

大菱鲆不仅味道鲜美,而且是

一种名贵的观赏鱼类，有"肉味像冷水鱼，身姿却似热带鱼"的特点。它们性情温驯，平时，大菱鲆较少活动，主要以小虾、小鱼、贝类、甲壳类为食。近年来，大菱鲆已成为各国开发的优良海水养殖鱼类之一。不过，大菱鲆是一种冷水性底栖鱼类，常栖息在70~100米的深海，如果进行人工养殖，对温度的要求

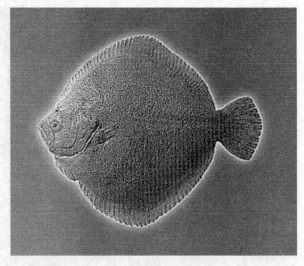

是非常严格的，最适宜的生长温度为21℃~27℃，温度在28℃以上就会导致大菱鲆死亡。它们的耐低温能力很强，水温在7℃时仍能正常活动。

大菱鲆肉质鲜美，营养丰富，配比合理，肉多而刺少，鳍边和皮下有丰富的胶原蛋白，其口感近似于甲鱼的裙边和海参，爽滑滋润。古罗马人对大菱鲆的美味和营养称赞有加，称其为"海中雉鸡"，并将其贮存于水池中，在重大节日时享用。直到现在，大菱鲆仍然是欧洲各国人们喜食的鱼类，常常供不应求。